NCT全国青少年编程能力等级测试教程

Python

语言编程 三级

NCT全国青少年编程能力等级测试教程编委会 编著

清华大学出版社
北京

内 容 简 介

本书依据《青少年编程能力等级》(T/CERACU/AFCEC/SIA/CNYPA 100.2—2019)标准进行编写。本书是 NCT 测试备考、命题的重要依据,对 NCT 考试中 Python 编程三级测试命题范围及考查内容做出了清晰的讲解与分析。

本书绪论部分对 NCT 全国青少年编程能力等级测试的考试背景、报考说明、备考建议等进行了介绍。全书共包含 12 个专题,其基于 Python 语言,对《青少年编程能力等级》标准中 Python 语言编程三级做出了详细解析,提出了青少年需要达到的 Python 语言编程三级标准的能力要求,例如具备以数据理解、表达和简单运算为目标的基本编程能力,能够编写不少于 100 行的 Python 程序等。同时,对考试知识点和解题方法进行了系统性的梳理和说明,结合真题、模拟题进行了讲解,以便读者更好地理解相关知识。

本书适合参加 NCT 全国青少年编程能力等级测试的考生备考使用,也可作为 Python 语言编程初学者的参考用书。

图书在版编目(CIP)数据

NCT 全国青少年编程能力等级测试教程. Python 语言编程三级/NCT 全国青少年编程能力等级测试教程编委会编著. —北京:清华大学出版社,2021.3
ISBN 978-7-302-57485-9

Ⅰ. ①N…　Ⅱ. ①N…　Ⅲ. ①软件工具－程序设计－青少年读物　Ⅳ. ①TP311.1-49

中国版本图书馆 CIP 数据核字(2021)第 021550 号

责任编辑:赵轶华
封面设计:范裕怀
责任校对:袁　芳
责任印制:沈　露

出版发行:清华大学出版社
　　　　网　　　址:http://www.tup.com.cn,http://www.wqbook.com
　　　　地　　　址:北京清华大学学研大厦 A 座　　　　　邮　　编:100084
　　　　社 总 机:010-62770175　　　　　　　　　　　　邮　　购:010-62786544
　　　　投稿与读者服务:010-62776969,c-service@tup.tsinghua.edu.cn
　　　　质量反馈:010-62772015,zhiliang@tup.tsinghua.edu.cn
印 装 者:小森印刷(北京)有限公司
经　　销:全国新华书店
开　　本:185mm×260mm　　　印　　张:12.5　　　字　　数:243 千字
版　　次:2021 年 3 月第 1 版　　　　　　　　　印　　次:2021 年 3 月第 1 次印刷
定　　价:58.00 元

产品编号:088840-01

 **本书编委**

前 言

NCT 全国青少年编程能力等级测试是国内首个通过全国信息技术标准化技术委员会教育技术分技术委员会（暨教育部教育信息化技术标准委员会）《青少年编程能力等级》标准符合性认证的等级考试项目。它围绕 Kitten、Python 等在国内外拥有广泛用户基础的热门通用编程工具和编程语言，从逻辑思维、计算思维、创造性思维三个方面考查学生的编程能力水平，旨在以专业、完备的测评系统推动标准的落地，以考促学，以评促教。它除了注重学生的编程技术能力之外，更加重视学生的应用能力和创新能力。

为了帮助考生顺利备考 NCT 全国青少年编程能力等级测试，由从事 NCT 全国青少年编程能力等级测试试题研究的专家、工作人员及在编程教育行业一线从事命题研究、教学、培训的教师共同精心编写了"NCT 全国青少年编程能力等级测试教程"系列丛书，该丛书共七册。本册为《NCT 全国青少年编程能力等级测试教程——Python 语言编程三级》。本书是以 NCT 全国青少年编程能力等级测试考生为主要读者对象，适用于考生考前复习使用，也可以作为相关考试培训班的辅助教材及中小学教师的参考用书。

本书绪论部分介绍了考试背景、报考说明、备考建议等内容，建议考生与辅导教师在考试之前务必熟悉此部分内容，避免出现不必要的失误。

全书共包含 12 个专题，详细讲解了 NCT 全国青少年编程能力等级测试 Python 语言编程三级的考查内容。每个专题都包含考查方向、考点清单、考点探秘、巩固练习四个板块，其内容和详细作用如下表所示。

固定模块	内　容	详　细　作　用
考查方向	能力考评方向	给出能力考查的五个维度
	知识结构导图	以思维导图的形式展现专题中所有考点和知识点
考点清单	考点评估和考查要求	对考点的重要程度、难度、考查题型及考查要求进行说明，帮助考生合理制订学习计划
	知识梳理	将重要的知识点提炼出来，进行图文讲解并举例说明，帮助考生迅速掌握考试重点
	备考锦囊	考点中易错点、重点、难点等的说明和提示

续表

固定模块	内　　容	详　细　作　用
考点探秘	考题	列举典型例题
	核心考点	列举主要考点
	思路分析	讲解题目的解题思路及解题步骤
	考题解答	对考题进行详细分析和解答
	举一反三	列举相似题型，供考生练习
巩固练习		学习完每个专题后，考生通过练习巩固知识点

　　书中附录部分的"真题演练"提供了一套真题，并配有答案和解析，供考生进行练习和自测，读者可扫描相应二维码下载真题及参考答案文件。

　　由于编写水平有限，书中难免存在疏漏之处，恳请广大读者批评、指正。

编　者
2020 年 11 月

目 录

目录

目
录

绪　论

（一）考试背景

1．青少年编程能力等级标准

为深入贯彻《新一代人工智能发展规划》和《中国教育现代化 2035》中关于青少年人工智能教育的相关要求，推动青少年编程教育的普及与发展，支持并鼓励青少年树立远大志向，放飞科学梦想，投身创新实践，加强中国科技自主创新能力后备力量的培养，中国软件行业协会、全国高等学校计算机教育研究会、全国高等院校计算机基础教育研究会、中国青少年宫协会四个全国一级社团组织联合立项并发布了《青少年编程能力等级》团体标准第 1 部分和第 2 部分。其中，第 1 部分为图形化编程（一至三级），第 2 部分为 Python 编程（一至四级）。《青少年编程能力等级》作为国内首个衡量青少年编程能力的标准，是指导青少年编程培训与能力测评的重要文件。

表 0-1 为图形化编程能力等级的划分。

表　0-1

等　级	能 力 要 求	等级划分说明
图形化编程一级	基本图形化编程能力	掌握图形化编程平台的使用，应用顺序、循环、选择三种基本的程序结构，编写结构良好的简单程序，解决简单问题
图形化编程二级	初步程序设计能力	掌握更多的编程知识和技能，能够根据实际问题的需求设计和编写程序，解决复杂问题，创作编程作品，具备一定的计算思维
图形化编程三级	算法设计与应用能力	综合应用所学的编程知识和技能，合理地选择数据结构和算法，设计和编写程序解决实际问题，完成复杂项目，具备良好的计算思维和设计思维

表 0-2 为 Python 编程能力等级的划分。

表　0-2

等　级	能 力 目 标	等级划分说明
Python 编程一级	基本编程思维	具备以编程逻辑为目标的基本编程能力
Python 编程二级	模块编程思维	具备以函数、模块和类等形式抽象为目标的基本编程能力
Python 编程三级	基本数据思维	具备以数据理解、表达和简单运算为目标的基本编程能力
Python 编程四级	基本算法思维	具备以常见、常用且典型的算法为目标的基本编程能力

《青少年编程能力等级》中共包含图形化编程能力要求 103 项，Python 编程能力要求 48 项。《青少年编程能力等级标准》第 2 部分详情请参见附录 A。

2．NCT 全国青少年编程能力等级测试

NCT 全国青少年编程能力等级测试是国内首个通过全国信息技术标准化技术委员会教育技术分技术委员会（暨教育部教育信息化技术标准委员会）《青少年编程能力等级》标准符合性认证的等级考试项目。它围绕 Kitten、Python 等在国内外拥有广泛用户基础的热门通用编程工具和编程语言，从逻辑思维、计算思维、创造性思维三个方面考查学生的编程能力水平，旨在以专业、完备的测评系统推动标准的落地，以考促学，以评促教。它除了注重学生的编程技术能力之外，更加重视学生的应用能力和创新能力。

NCT 全国青少年编程能力等级测试分为图形化编程（一至三级）和 Python 编程（一至四级）。

（二）Python语言编程三级报考说明

1．报考指南

考生可以登录 NCT 全国青少年编程能力等级测试的官方网站，了解更多信息，并进行考试流程演练。

（1）报考对象

① 面向人群：年龄为 8~18 周岁，年级为小学三年级至高中三年级的青少年群体。

② 面向机构：中小学校、中小学阶段线上及线下社会培训机构、各地电化教育馆、少年宫、科技馆。

（2）考试方式

① 上机考试。

② 考试工具：海龟编辑器（下载路径：NCT 全国青少年编程能力等级测试官方网站→考前准备→软件下载）。

（3）考试合格标准

满分为 100 分。60 分及以上为合格，90 分及以上为优秀，具体以组委会公布的信息为准。

（4）考试成绩查询

可登录 NCT 全国青少年编程能力等级测试官方网站查询，最终成绩以组委会公布的信息为准。

（5）对考试成绩有异议，可以申请查询

成绩公布后 3 日内，如果考生对考试成绩存在异议，可按照组委会的指引发送异议信息到组委会官方邮箱。

（6）考试设备要求

考试设备要求如表 0-3 所示。

表 0-3

项　目		最 低 要 求	推　荐
硬件	键盘、鼠标	必须配备	
	前置摄像头		
	麦克风		
	内存	1GB 以上	4GB 以上
软件	操作系统	PC：Windows 7 或以上 苹果计算机：Mac OS X 10.9 Mavericks 或以上	PC：Windows 10 苹果计算机：Mac OS X EI Capitan 10.11 以上
	浏览器	谷歌浏览器 Chrome v55 或以上版本（最新版本下载：NCT 全国青少年编程能力等级测试官方网站→考前准备→软件下载）	谷歌浏览器 Chrome v79 以上或最新版本（最新版本下载：NCT 全国青少年编程能力等级测试官方网站→考前准备→软件下载）
	网络	下行：1Mbps 以上 上行：1Mbps 以上	下行：10Mbps 以上 上行：10Mbps 以上

注：最低要求为保证基本功能可用，考试中可能会出现卡顿、加载缓慢等情况。

2．题型介绍

Python 语言编程三级考试时长为 90 分钟，卷面分值为 100 分。题型、题量及分值分配如表 0-4 所示。

表 0-4

题　型	每题分值 / 分	题目数量	总分值 / 分
单项选择题（1~5）	2	5	10
单项选择题（6~20）	4	15	60
操作题 1	10	1	10
操作题 2	10	1	10
操作题 3	10	1	10

1）单项选择题

（1）考查方式

根据题干描述，从 4 个选项中选择最合理的一项。

（2）例题

关于列表和元组说法正确的是（　　）。

A．元组使用小括号"()"表示，列表使用中括号"[ ]"表示

B．元组和列表的元素都可以对单个元素进行修改

C．元组和列表都能作为字典的键

D．列表和元组都可以用 append() 方法添加元素

答案：A

2）操作题

（1）考查方式

根据题干要求编写程序（注意：输入／输出的格式）。

（2）例题

① 编写一个程序，输入一串字符 a 和一串数字 b，相邻字符或数字使用英文逗号","隔开，字符串 a 中的字符作为字典的键（键为字符串），数字串 b 中的数字作为字典的值（值为数字），输出字典中所有值的和。

输入样例：

```
a,b,c,d
1,2,3,4
```

输出：

```
10
```

参考答案：

```
def returnSum(myDict):
    sum = 0
    for i in myDict:
        sum = sum + myDict[i]
    return sum
a = input()
list1 = a.split(",")
b = input()
c = b.split(",")
list2 = [int(i) for i in c]
dict1 = dict(zip(list1, list2))
print(returnSum(dict1))
```

② 给定一个 csv 文件，读取 csv 文件内容，对其二维数据进行格式化输出。csv 文件内容如图 0-1 所示。

	年级	姓名	性别	高	年龄	
1	年级	姓名	性别	高	年龄	
2	1	xiaoming	male	168	23	
3	1	xiaohong	female	162	22	
4	2	xiaozhang	female	163	21	
5	2	xiaoli	male	158	21	
6						

图　0-1

输出内容如图 0-2 所示。

年级	姓名	性别	高	年龄
1	xiaoming	male	168	23
1	xiaohong	female	162	22
2	xiaozhang	female	163	21
2	xiaoli	male	158	21

图　0-2

参考答案：

```python
f = open("test2.csv","r")
ls = []
for line in f:
    ls.append(line.strip("\n").split(","))
f.close()
for row in ls:
    line = ""
    for item in row:
        line += "{:10}\t".format(item)
    print(line)
```

（三）备考建议

NCT 全国青少年编程能力等级测试——Python 语言编程三级考查内容依据《青少年编程能力等级标准》第 2 部分 Python 语言编程三级制定。本书的专题与标准中的能力要求对应，表 0-5 给出了对应关系及建议学习时长。

表 0-5

编号	名 称	能力要求	对应专题	建议学习时长/小时
1	序列和元组	掌握并熟练编写带有元组的程序，具有解决有序数据组的处理问题的能力	专题 1 序列和元组	5
2	集合类型	掌握并熟练编写带有集合的程序，具有解决无序数据组处理问题的能力	专题 2 集合类型	5
3	字典类型	掌握并熟练编写带有字典类型的程序，具有处理键值对数据的能力	专题 3 字典类型	5
4	数据维度	理解并辨别数据维度，具备分析实际问题中数据维度的能力	专题 4 数据维度	5
5	一维数据处理	掌握并熟练编写使用一维数据的程序，具备解决一维数据处理问题的能力	专题 5 一维数据处理	4
6	二维数据处理	掌握并熟练编写使用二维数据的程序，具备解决二维数据处理问题的能力	专题 6 二维数据处理	6
7	高维数据处理	基本掌握编写使用 JSON 格式数据的程序，具备解决数据交换问题的能力	专题 7 高维数据处理	6
8	文本处理	基本掌握编写文本处理的程序，具备解决基本文本查找和匹配问题的能力	专题 8 文本处理	7
9	数据爬取	基本掌握网络爬虫程序的基本写法，具备解决基本数据获取问题的能力	专题 9 数据爬取	6
10	（基本）向量数据	掌握向量数据的基本表达及处理方法，具备解决向量数据计算问题的基本能力	专题 11 向量数据	7
11	（基本）图像数据	掌握图像数据的基本处理方法，具备解决图像数据问题的能力	专题 12 图像数据	6
12	（基本）HTML 数据	掌握 HTML 数据的基本处理方法，具备解决网页数据问题的能力	专题 10 HTML 数据	7

序列和元组

在 Python 中，列表和字符串有很多类似的特点，比如，都是数据的组合，都可以进行索引、切片等操作。本专题我们将接触一个全新的概念——组合数据类型，我们熟知的列表和字符串类型都属于组合数据类型；除此之外，还将学习同样属于组合数据类型的元组类型。

考查方向

★ 能力考评方向

★ 知识结构导图

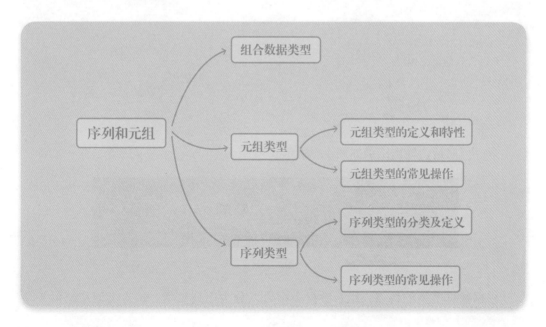

考点清单

 考点1 组合数据类型

考点评估		考查要求
重要程度	★★★☆☆	1. 理解组合数据类型的定义；
难度	★★☆☆☆	2. 掌握组合数据类型包含的种类；
考查题型	选择题、操作题	3. 了解组合数据类型的优势

整数类型、浮点数类型都是基本数据类型，表示单一数据。顾名思义，组合数据类型就是表示被组织起来的多个数据的数据类型，诸如列表、字符串等。相较于对多个单一数据进行操作，组合数据类型提供了更便捷、高效的数据处理方式。如示例代码1-1所示，利用列表对数字求和比对单一数据进行操作更加灵活、高效。

示例代码1-1

```
# 单一数据操作
a = 10
b = 20
c = 30
summation = a + b + c
print(summation)
# 组合数据类型操作
n = [10, 20, 30]
s = sum(n)
print(s)
```

运行程序后，输出结果如图1-1所示。

控制台
60
60
程序运行结束

图 1-1

根据数据类型的特点，组合数据类型可以分为序列类型、集合类型和映射类型三类，如图 1-2 所示。其中，序列类型包括字符串、列表和元组；集合类型包括集合，映射类型包括字典。本专题主要学习序列类型和元组，集合类型与映射类型将在后面的章节中学习。

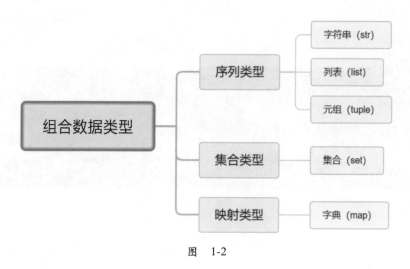

图　1-2

考点 2　元组类型

考点评估		考查要求
重要程度	★★★★☆	1. 掌握元组类型的概念和创建方式；
难度	★★★☆☆	2. 掌握元组类型的常见操作和相关函数
考查题型	选择题、操作题	

（一）元组类型的定义和特性

在 Python 中，元组采用圆括号来定义，可以包含 0 个或多个数据项，元组中各元素之间用逗号隔开。特别的是，元组生成后是固定不变的，不可以删除或替换其中的任何数据项。创建元组的方式如示例代码 1-2 所示。

示例代码 1-2

```
tup1 = (1, 2, 3)  # 创建元组
tup2 = ()  # 定义空元组
tup3 = (1, )  # 定义只有一个元素的元组
t = (1)
```

专题 1

11

```
print(tup1)
print(tup2)
print(tup3)
print(t)
```

程序运行结果如图 1-3 所示。

```
控制台
(1, 2, 3)
()
(1,)
1
程序运行结束
```

图　1-3

定义元组时，需要注意以下两点。

（1）存在空元组。

（2）定义只有一个元素的元组时，元素后面要加逗号，目的是避免与单个数据混淆，如示例代码 1-3 所示。

示例代码 1-3

```
t1=(1)     #将 t1 赋值为一个数字
t2=(1,)    #将 t2 赋值为一个元组
t3 = ('a')  #将 t3 赋值为一个字符串
t4= ('a',)  #将 t4 赋值为一个元组
print(t1, type(t1))
print(t2, type(t2))
print(t3, type(t3))
print(t4, type(t4))
```

程序运行结果如图 1-4 所示。

```
控制台
1 <class 'int'>
(1,) <class 'tuple'>
a <class 'str'>
('a',) <class 'tuple'>
程序运行结束
```

图　1-4

（二）元组类型的常见操作

元组被创建之后不能被修改，想要改变元组中的某一个元素，只能重新给整个元组进行赋值。同时，也不能删除元组其中的某一个数据项，只能使用 del 语句直接删除整个元组。和操作列表和字符串类似，可以使用索引来读取元组的元素。对元组的常见操作如示例代码 1-4 所示。

示例代码 1-4

```
tup = (1, 2, 3)    # 创建元组
tup = (1, 2, 4)    # 重新赋值，修改元组
print(tup)
print(tup[2])    # 读取元组元素
tup = (1, 2)    # 重新赋值，减少元组元素个数
print(tup)
tup = (1, 2, 5)    # 重新赋值，增加元组元素个数
print(tup)
print(tup[2])    # 读取元组元素
del tup    # 删除整个元组
```

程序运行结果如图 1-5 所示。

```
控制台
(1, 2, 4)
4
(1, 2)
(1, 2, 5)
5
程序运行结束
```

图　1-5

考点 3　序列类型

考点评估		考查要求
重要程度	★★★★☆	1．了解序列类型的概念和特征；
难度	★★★☆☆	2．掌握序列类型的常见操作和相关函数
考查题型	选择题、操作题	

（一）序列类型的分类及定义

序列类型中的元素之间存在先后顺序，并且序列元素之间允许重复，也就是说序列中存在位置不同但数值相同的元素。

在 Python 中，属于序列的数据类型包括以下三种。

（1）字符串类型：单一字符的有序组合，使用一对单引号' '或一对双引号" "定义字符串数据。

（2）列表类型：包含 0 个或多个数据项的可变序列类型，数据项可以被修改，使用灵活。使用一对中括号 [ ] 定义列表元素，元素之间用逗号隔开。

（3）元组类型：包含 0 个或多个数据项的不可变序列类型，元组数据项不能替换或删除。使用一对圆括号 ( ) 定义元组元素，元素之间用逗号隔开。

（二）序列类型的常见操作

列表、字符串和元组都有一些类似的操作。

1．使用索引读取元素

正向索引：第一个元素从"0"开始标记，序号递增；反向索引：最后一个元素从"−1"开始标记，序号递减，如图 1-6 所示。

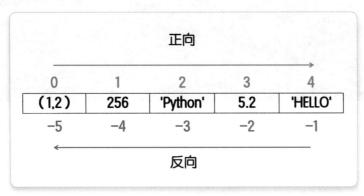

图　1-6

2．进行切片（分片）操作

s[i:j:k] 返回包含序列 s 第 i 个到第 j 个之前（不包括第 j 个元素）间隔为 k 的元素子序列；也就是三个索引值分别对应起始位置、结束位置和步长。s[i:j] 可以返回s 的第 i 个到第 j 个之前（不包括第 j 个元素）的元素子序列，其步长的默认值为 1。如示例代码 1-5 所示。

示例代码 1-5

```
l = [1,2,3,4,5]
s = '12345'
print(l[0:4:2])   #从索引 0 开始，每次索引增加 2，一直取到索引为 4 之前的元素
print(l[-1:-5:-2])    #从索引 -1 开始，每次索引减少 2，一直取到索引为 -5 之前的元素
print(s[0:3])  #从索引 0 开始，一直取到索引为 3 之前的元素，默认步长为 1
print(s[-2:-4:-1])  #从索引 -2 开始，每次索引减少 1，一直取到索引为 -4 之前的元素
```

程序运行结果如图 1-7 所示。

```
控制台
[1, 3] .
[5, 3]
123
43
程序运行结束
```

图   1-7

● **备考锦囊**

进行切片时，如果不指明开头和结尾，则默认从序列的开头读取或者读取到序列最后结尾的位置，如示例代码 1-6 所示。

示例代码 1-6

```
t = (1,2,3,4,5)
print(t[:4:2])  #从索引 0 开始，每次索引增加 2，一直取到索引为 4 之前的元素
print(t[-1::-2])  #从索引 -1 开始，每次索引减少 2，一直取到序列的最后一个元素
```

程序运行结果如图 1-8 所示。

```
控制台
(1, 3)
(5, 3, 1)
程序运行结束
```

图   1-8

序列类型一些通用的运算操作和函数如表 1-1 所示。

表 1-1

操作符 / 函数 / 方法	说 明 描 述
+	连接序列
*	复制序列
x in s	元素 x 是否存在于序列 s 中，若存在，返回 True；若不存在，则返回 False
x not in s	元素 x 是否不存在于序列 s 中，若存在，返回 False；若不存在，则返回 True
len(s)	计算序列 s 的长度（元素个数）
min(s)	找到序列 s 中的最小值
max(s)	找到序列 s 中的最大值
s.count(x)	统计序列 s 中元素 x 出现的总次数。如果元素 x 不存在，则返回 0
s.index(x)	得到元素 x 在序列 s 中第一次出现的索引位置

序列类型运算和函数的应用如示例代码 1-7 所示。

示例代码 1-7

```
s1 = [1, 2, 3]
s2 = ('4', '5', '6')
s3 = '789'
print(s1+[4,5,6])
print(s2*2)
print('3' in s3)     # 判断字符串 '3' 是否存在于列表 s3 中
print(4 not in s2)     # 判断字符串 '4' 是否存在于列表 s2 中
print('s1 序列的长度：', len(s1))
print('s2 序列的最小值：', min(s2))
print('s3 序列的最大值：', max(s3))
```

程序运行结果如图 1-9 所示。

```
控制台
[1, 2, 3, 4, 5, 6]
('4', '5', '6', '4', '5', '6')
False
True
s1序列的长度： 3
s2序列的最小值： 4
s3序列的最大值： 9
程序运行结束
```

图 1-9

count() 和 index() 是属于序列的特有方法。s.index(x, i) 接收两个参数时，表示返回从第 i 项元素开始第一次出现元素 x 的索引位置；s.index(x, i, j) 接收三个参数时，表示统计从第 i 项到第 j 项元素中第一次出现元素 x 的位置（不包括 j 位置的元素）。如果指定的范围内没有要寻找的元素，程序就会报错。如示例代码 1-8 所示。

示例代码 1-8

```
t1 = ('a', 'b', 'c')
t2 = ['4', '5', '6']
print(t1.count('a'))
print(t1.count('d'))    # 当统计的元素不存在，结果返回 0
print(t2.index('6', 1))    # 统计从索引为 1 项开始，第一次出现元素 '6' 的位置
print(t2.index('6', 1, 2))    # 统计从索引为 1 项到索引为 2 项之前，元素中第
                               一次出现元素 '6' 的位置
```

程序运行结果如图 1-10 所示。

```
控制台
1
0
2
Traceback (most recent call last):
  File "C:\Users\admin\AppData\Local\Temp\codemao-VGZlzi/temp.py", line 6, in <module>
    print(t2.index('6', 1, 2))    # 统计从索引为1项到索引为2项之前，元素中第一次出现元素'6'的位置
ValueError: '6' is not in list
程序运行结束
```

图 1-10

考点探秘

考题 1

关于列表和元组说法正确的是（   ）。

A．元组使用小括号 ( ) 表示，列表使用中括号 [ ] 表示

B．元组和列表都可以对单个元素进行修改

C．元组可以用索引值访问，但列表不可以

D．列表和元组都可以用 append ( ) 方法添加元素

※ 核心考点

考点 3　序列类型

※ 思路分析

本题考查对元组类型的理解。

※ 考题解答

元组用一对小括号"()"定义，列表用一对中括号"[]"定义，选项 A 正确；列表的单个元素可以被修改，元组的单个元素不可以被修改，选项 B 错误；列表和元组都是序列类型，都可以使用索引进行访问，选项 C 错误；列表可以使用 append() 方法来为其添加元素，元组不可以被修改，因此没有 append() 方法，选项 D 错误。故选 A。

考题2

运行下列程序，输出的结果为（　　）。

```
gra = ('90','88','100')
obj = (" 语文 "," 英语 "," 数学 ")
print(" 小明的成绩为 :")
for i in range(3):
    print(obj[i]+":"+gra[i])
```

A．语文 :90 英语 :88 数学 :100

B．90: 语文 88: 英语 100: 数学

C．小明的成绩为 :

语文 :90

英语 :88

数学 :100

D．小明的成绩为 :

90: 语文

88: 英语

100: 数学

※ 核心考点

考点 2　元组类型

※ 思路分析

本题考查对元组之间运算方式的理解。

※ 考题解答

程序中定义了两个元组，分别是 gra 和 obj，使用 for 循环把两个元组对应的元素都加起来，输出的就是加运算的结果。因为使用 for 循环输出，所以每输出一次都会进行换行。故选 C。

▶ 考题 3

运行下列程序，输出的结果是（　　）。

```
tp1 = (1,2,3,4,5,6)
print(3 in tp1)
```

A．3　　　　　　B．(1,2,3,4,5,6)　　　　　C．True　　　　　D．False

※ 核心考点

考点 2　元组类型

※ 思路分析

本题考查对元组类型操作方式的掌握情况。

※ 考题解答

in 操作符可以判断某一个元素是否存在于序列中，如果存在，返回 True；如果不存在，则返回 False。题目提供的程序里，元素"3"存在于元祖中，因此返回 True。故选 C。

巩固练习

1．下列选项中是元组的是（　　）。

　　A．[,5]　　　　　B．(1)　　　　　C．(100,)　　　　　D．{1,2,4}

2．下列选项中属于序列数据类型的是（　　）。

　　A．元组　　　　　B．字典　　　　　C．集合　　　　　D．复数

专题 1

3．现有一个元组的值为 (" 甲 "," 乙 "," 丙 "," 丁 "),现需要将元组进行如下操作，请分步骤编写程序，并将每一步更新后的元组输出。

（1）将元组更新为（'甲','乙','丙'）。

（2）将元组更新为（" 甲 "," 乙 "," 丙 "," 丁 "," 戊 "）。

（3）清空整个元组，使其变为空元组。

集合类型

　　Python 中的组合数据类型除了列表、元组等序列类型外，还有一些非序列类型——"集合"就是其中之一。在数学中，"集合"是指具有某种特定性质的事物的总体；在生活中，身上所穿的衣服、歌单里的歌曲、北京市所有的公园等都可以看作一个个"集合"。在Python 中，集合主要用来进行成员检测或消除重复元素。本专题我们将一起来解"集合"之谜。

考查方向

⭐ 能力考评方向

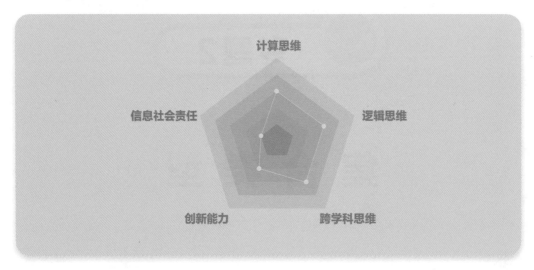

⭐ 知识结构导图

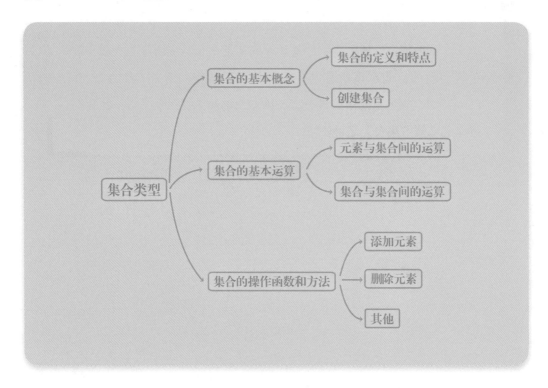

考点 1　集合的基本概念

考 点 评 估		考 查 要 求
重要程度	★★★☆☆	1．了解集合类型的定义和特点；
难度	★★☆☆☆	2．掌握创建集合的基本方法，能够创建空集或含有元素的集合
考查题型	选择题、操作题	

（一）集合的定义和特点

集合（set）是由不重复元素组成的无序的数据集。在 Python 中，集合的元素放置在大括号"{ }"中，各元素之间用逗号","隔开。如示例代码 2-1 所示，变量 odd 指向一个集合类型的数据。

示例代码 2-1

```
odd = {1, 3, 7, 5}
print(odd)
print(type(odd))
```

运行程序后，输出结果如图 2-1 所示。

```
控制台
{1, 3, 5, 7}
<class 'set'>
程序运行结束
```

图　2-1

集合有三个重要的特点。

（1）集合中的每个元素是唯一的，不存在相同的元素。如示例代码 2-2 所示，集合 s 实际上只包含四个元素 1，2，3，4。

示例代码 2-2

```
s = {1, 1, 2, 2, 3, 4}
print(s)
```

运行程序后，输出结果如图 2-2 所示。

图　2-2

（2）元素之间无序。如示例代码 2-3 所示，排列不同的 3 个数字，对于集合 s1 和 s2 来说没有差别，而在列表 l1 与 l2 中则是两个不同的数据。

示例代码 2-3

```
s1 = {1, 2, 3}
s2 = {2, 1, 3}
print(s1 == s2)
l1 = [1, 2, 3]
l2 = [2, 1, 3]
print(l1 == l2)
```

运行程序后，输出结果如图 2-3 所示。

图　2-3

（3）集合是可变类型数据，但集合元素不能是可变类型的数据。如示例代码 2-4 所示，运行程序后，第 3 行代码将报错。集合的元素可以是元组，但不能是列表。

示例代码 2-4

```
st = {(1, 2), (2, 4)}   # 元素为元组
print(st)
sl = {[1, 2], [3, 4]}   # 元素为列表
print(sl)
```

运行程序后，输出结果如图 2-4 所示。

```
控制台                                                            ✕
Traceback (most recent call last):
  File "C:\Users\admin\AppData\Local\Temp\codemao-LfoZDi/temp.py" , line 3, in <module>
{(1, 2), (2, 4)}
    sl = {[1, 2], [3, 4]}   # 元素为列表
TypeError: unhashable type: 'list'
程序运行结束
```

图　2-4

● **备考锦囊**

字符串、数字和元组是不可变数据类型，列表、字典和集合是可变数据类型。

（二）创建集合

可以用大括号或函数 set() 来创建集合。函数 set() 接收一个序列作为参数，将序列的每个元素作为集合的元素，如示例代码 2-5 所示。

示例代码 2-5

```
num = {1,2,3,4}
sEmpty = set()
double = set('2468')
word = set(['apple', 'pear', 'banana'])
print(num)
print(sEmpty)
print(double)
print(word)
```

运行程序后，输出结果如图 2-5 所示。

```
控制台
{1, 2, 3, 4}
set()
{'6', '8', '4', '2'}
{'apple', 'pear', 'banana'}
程序运行结束
```

图　2-5

● **备考锦囊**

创建空集合时只能使用 set()，这是因为使用大括号创建时，Python 会认为它是一个空字典。

考点 2 集合的基本运算

考点评估		考查要求
重要程度	★★★★☆	1. 掌握 in 和 not in 的用法，能够判断一个元素是否属于集合；
难度	★★★☆☆	2. 掌握集合间的四种基本运算：交集、并集、差集和对称差集，能够使用对应的操作符进行运算；
考查题型	选择题、操作题	3. 掌握比较运算符在集合中的应用，能够判断两个集合之间的关系

（一）元素与集合间的运算

关键字 in 和 not in 可以用来判断一个元素是否属于某集合，它们的运算结果为布尔值，如表 2-1 和示例代码 2-6 所示。

表　2-1

关键字	作　用	结　果
w in s	判断元素 w 是否存在于集合 s 中	如果 w 存在于 s 中，返回 True；否则返回 False
w not in s	判断元素 w 是否不存在于集合 s 中	如果 w 不存在于 s 中，返回 True；否则返回 False

示例代码 2-6

```
sw = set('Python')
print('n' in sw)
print('p' not in sw)
```

运行程序后，输出结果如图 2-6 所示。

图　2-6

（二）集合与集合间的运算

Python 的集合之间有四种基本操作，分别是交集、并集、差集和对称差集。两个集合 s 与 o 之间进行四种运算后的运算结果如表 2-2 和图 2-7 所示。

表　2-2

操　作	表　示	含　义
交集	s & o	取同时在 s 和 o 中的元素
并集	s | o	取 s 和 o 中所有的元素
差集	s − o	取在 s 中但不在 o 中的元素
对称差集	s ^ o	取在 s 和 o 中，但不属于二者交集的元素

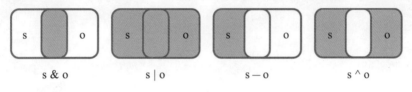

图　2-7

1．交集

Python 中有 4 个操作符或方法可以用来计算集合间的交集，如表 2-3 和示例代码 2-7 所示。

表　2-3

操作符 / 方法	作　用
s & o s.intersection(o)	计算集合间的交集，返回一个包含同时在 s 和 o 中的元素的集合
s &= o s.intersection_update(o)	更新集合 s 为 s 与 o 的交集

示例代码 2-7

```
s = {1, 2, 3, 4}
o = {2, 4, 6, 8}
t = {4, 6, 8, 9}
print(s & o)  #计算 s 和 o 的交集
print(s.intersection(o, t))  #计算 s、o、t 三者的交集
s &= o  #更新集合 s 为 s 与 o 的交集
print(s)
```

运行程序后，输出结果如图 2-8 所示。

控制台
{2, 4}
{4}
{2, 4}
程序运行结束

图　2-8

27

2．并集

Python 中有 4 个操作符或方法可以用来计算集合间的并集，如表 2-4 和示例代码 2-8 所示。

表　2-4

操作符 / 方法	作　　用
s | o s.union(o)	计算集合间的并集，返回一个包含所有在 s 和 o 中的元素的集合
s |= o s.update(o)	更新集合 s 为 s 与 o 的并集

示例代码 2-8

```
meat = {'猪肉 ', '牛肉 ', '羊肉 '}
lunch = {'苹果 ', '牛肉 ',' 土豆 '}
print(meat | lunch)
print(meat.union(lunch))
lunch |= meat
print(lunch)
```

运行程序后，输出结果如图 2-9 所示。

```
控制台
{'羊肉', '土豆', '苹果', '牛肉', '猪肉'}
{'羊肉', '土豆', '苹果', '牛肉', '猪肉'}
{'土豆', '羊肉', '苹果', '牛肉', '猪肉'}
程序运行结束
```

图　2-9

3．差集

Python 中有 4 个操作符或方法可以用来计算集合间的差集，如表 2-5 和示例代码 2-9 所示。

表　2-5

操作符 / 方法	作　　用
s − o s.difference(o)	计算集合间的差集，返回一个集合包含在 s 中但不在 o 中的元素
s − = o s.difference_update(o)	更新集合 s 为 s 与 o 的差集

示例代码 2-9

```
s = {1, 3, 5, 7, 9}
o = set(range(3,15,2))
print(s - o)
print(s.difference(o))
o -= s
print(o)
s.difference_update(set(range(6)))  #去除 s 中小于 6 的数字
print(s)
```

运行程序后，输出结果如图 2-10 所示。

```
控制台
{1}
{1}
{11, 13}
{7, 9}
程序运行结束
```

图　2-10

4．对称差集

Python 中有 4 个操作符或方法可以用来计算集合间的对称差集，如表 2-6 和示例代码 2-10 所示。

表　2-6

操作符 / 方法	作　　用
s ^ o s.symmetric_difference(o)	计算集合间的对称差集，返回一个包含在 s 和 o 中，但不包括在二者交集的元素的集合
s ^= o s.symmetric_difference_update(o)	更新集合 s 中的元素为包含在对称 s 和 o 中，但不包括在二者交集的元素

示例代码 2-10

```
s = set(range(1, 15))   #15 以内的自然数
o = set(range(2, 15, 2))   #15 以内的偶数
t = {1, 4, 7, 30, 8}
print(s ^ o)
print(s.symmetric_difference(o))
o ^= t
print(o)
```

运行程序后，输出结果如图 2-11 所示。

```
控制台
{1, 3, 5, 7, 9, 11, 13}
{1, 3, 5, 7, 9, 11, 13}
{1, 2, 6, 7, 10, 12, 14, 30}
程序运行结束
```

图 2-11

5．子集与超集

和数学概念类似，Python 集合之间存在子集与超集的关系，如图 2-12 所示。如果集合 s 的任意一个元素都是集合 o 的元素，那么集合 s 称为集合 o 的子集；反过来集合 o 称为集合 s 的超集。如果 s 是 o 的子集，且 s 与 o 不相等，也就是 o 中至少有一个元素不属于 s，那么 s 就是 o 的真子集；反过来，o 就是 s 的真超集。

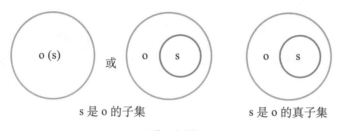

图 2-12

可以用比较操作符来判断两个集合之间的关系，如表 2-7 和示例代码 2-11 所示。

表 2-7

操 作 符	作 用
s <= o	判断 s 是否为 o 的子集，即 s 中的每个元素是否都在 o 中。如果是，返回 True；否则返回 False
s >= o	判断 s 是否为 o 的超集，即 o 中的每个元素是否都在 s 中。如果是，返回 True；否则返回 False
s < o	判断 s 是否为 o 的真子集。如果是，返回 True；否则返回 False
s > o	判断 s 是否为 o 的真超集。如果是，返回 True；否则返回 False

示例代码 2-11

```python
s = {1, 2, 3}
t = set(range(1, 10))
o = set([1, 2, 3])
print(s >= t)
print(s < o)
```

运行程序后，输出结果如图 2-13 所示。

```
控制台
False
False
程序运行结束
```

图　2-13

 考点 3　集合的操作函数和方法

考点评估		考查要求
重要程度	★★★★☆	1．掌握集合类型的操作函数和方法；
难度	★★★☆☆	2．能够给集合添加和删除元素
考查题型	选择题、操作题	

（一）添加元素

集合方法 add() 可以向集合中添加元素，它接收一个参数，如示例代码 2-12 所示。

示例代码 2-12

```
odd = {101, 103, 105}
odd.add(111)
print(odd)
```

运行程序后，输出结果如图 2-14 所示。

```
控制台
{105, 111, 101, 103}
程序运行结束
```

图　2-14

（二）删除元素

1．remove()

集合方法 remove() 接收一个参数，可以移除集合中的元素；如果传递的参数不存在于集合中，将会引发 KeyError 类型的报错，如示例代码 2-13 所示。

示例代码 2-13

```
fruit = {'pear', 'apple', 'banana'}
fruit.remove('pear')  # 移除存在的元素
print(fruit)
fruit.remove('watermelon')  # 移除不存在的元素
```

运行程序后，输出结果如图 2-15 所示。

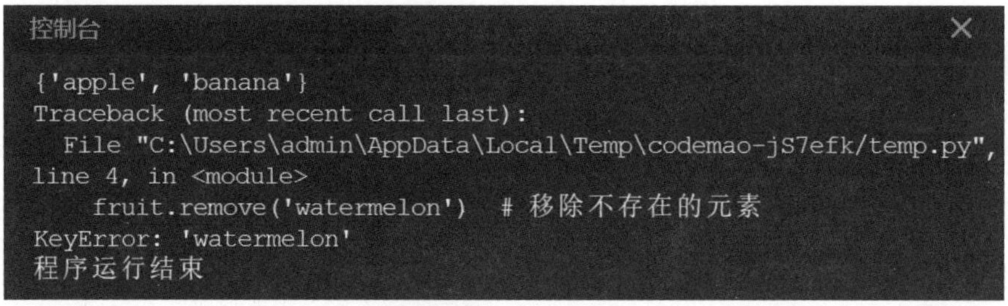

```
控制台                                              ×
{'apple', 'banana'}
Traceback (most recent call last):
  File "C:\Users\admin\AppData\Local\Temp\codemao-jS7efk/temp.py",
line 4, in <module>
    fruit.remove('watermelon')  # 移除不存在的元素
KeyError: 'watermelon'
程序运行结束
```

图　2-15

2．discard()

集合方法 discard() 同样能够移除集合元素，与 remove() 不同的是——如果参数不存在，程序不会报错；参数存在于集合才会被移除，如示例代码 2-14 所示。

示例代码 2-14

```
fruit = {'pear', 'apple', 'banana'}
fruit.discard('pear')  # 移除存在的元素
print(fruit)
fruit.discard('watermelon')  # 移除不存在的元素
print(fruit)
```

运行程序后，输出结果如图 2-16 所示。

```
控制台
{'banana', 'apple'}
{'banana', 'apple'}
程序运行结束
```

图　2-16

3．pop()

集合方法 pop() 不接收参数，它将从集合中删除并返回任意一个元素；如果集合为空将会引发 KeyError，如示例代码 2-15 所示。

示例代码 2-15

```
s = set(range(10, 100, 20))
try:
    for i in range(10):
        print(s.pop())
except KeyError:
    print(' 集合为空 ')
```

运行程序后，输出结果如图 2-17 所示。

```
控制台
70
10
50
90
30
集合为空
程序运行结束
```

图　2-17

4．clear()

如果想清空集合，删除集合中的所有元素，可以使用集合方法 clear()，如示例代码 2-16 所示。

示例代码 2-16

```
s = set(range(10, 100, 20))
print(s)
s.clear()
print(s)
```

运行程序后，输出结果如图 2-18 所示。

```
控制台
{70, 10, 50, 90, 30}
set()
程序运行结束
```

图　2-18

（三）其他

除了对集合元素操作的方法外，如表 2-8 所示的其他函数方法也十分常见。

表　2-8

方法 / 函数	作　　用
len()	返回集合中元素的个数
s.copy()	返回与 s 集合相等的另一集合

● 备考锦囊

　　使用赋值号（=）将集合赋值给另一变量，这个操作常存在风险——如果原集合被清除或修改元素，那么新集合也不能幸免。使用 copy() 可以有效地避免这个麻烦，如示例代码 2-17 所示。

　　示例代码 2-17

```
s = set(range(5))
print(len(s))
t = s
o = s.copy()
s.clear()
print(s, t, o)
```

　　运行程序后，输出结果如图 2-19 所示。

```
控制台
5
set() set() {0, 1, 2, 3, 4}
程序运行结束
```

图 　2-19

考点探秘

考题 1

运行下列程序，输出结果为（　　　）。

```
python = set(['小明', '小光', '小强', '小方'])
c = set(['小黑', '小光', '小扎', '小方'])
print(python & c)
```

A．{'小黑','小强','小光','小方','小扎','小明'}

B．{'小光','小方'}

C．{'小明','小强'}

D．python & c

※ **核心考点**

考点 2　集合的基本运算

※ **思路分析**

本题考查集合与集合间运算中的交集运算。

※ **考题解答**

操作符"&"计算集合间的交集，第 3 行代码运行结束后将打印一个包含同时在 python 和 c 中的元素的集合。故选 B。

※ **举一反三**

运行下列程序，输出结果为（　　）。

```python
python = set(['小明', '小光', '小强', '小方'])
c = set(['小黑', '小光', '小扎', '小方'])
print(python | c)
```

A．{'小黑','小强','小光','小方','小扎','小明'}

B．{'小光','小方'}

C．{'小明','小强'}

D．python|c

▶ 考题2

运行下列程序，输出结果为（　　）。

```python
s1 = set()
s2 = set(range(0, 10, 2))
s3 = set([1, 1, 2, 5, 8])
print(s1 < s2, s2 >= s3)
```

A．False False

B．False True

C．True True

D．True False

※ **核心考点**

考点 2　集合的基本运算

※ 思路分析

本题考查集合与集合间关系的判断。

※ 考题解答

"s1 < s2"判断 s1 是否为 s2 的真子集。如果是返回 True，否则返回 False。"s2 >= s3"判断 s2 是否为 s3 的超集，即判断 s3 中的每个元素是否都在 s2 中。如果是返回 True，否则返回 False。s1 是空集，空集是任何非空集合的真子集；s3 中的元素 5 不在 s2 中，故选 D。

巩固练习

1．下列选项中属于集合类型的是（　　）。

    A．[1, 5, 6, 8, 1]

    B．{" 小明 ": 50, " 小红 ": 60, " 小黄 ": 100}

    C．{3, 1, 5, 6, 89, 10}

    D．(8, 6, 4, 5, 2, 1)

2．运行下列程序，先后输入"大米"和"绿豆"，cereals 的打印结果为（　　）。

```
cereals = {' 大米 ', ' 小米 ', ' 绿豆 ', ' 薏仁 '}
e = input(' 请输入一种谷物:')
reject = input(' 你不吃什么谷物:')
cereals.add(e)
cereals.discard(reject)
print(cereals)
```

    A．{' 大米 ',' 小米 ',' 薏仁 ',' 绿豆 '}

    B．{' 大米 ',' 大米 ',' 小米 ',' 薏仁 '}

    C．{' 绿豆 ',' 小米 ',' 薏仁 '}

    D．{' 大米 ',' 小米 ',' 薏仁 '}

专题3

字典类型

可以通过序号来索引列表中的内容，以便进行信息查询，但许多程序还需要更加灵活的信息查询方式。例如，通过学生姓名查询成绩、通过地区查询邮政编码、通过省份名称查询省会城市等，这些信息检索方式都是通过一个信息来查询另一个信息，而不是通过序号进行查询。这些情况无法通过列表进行有效的信息存储和索引。此时，Python 中的另一个数据类型——"字典"类型将发挥重要的作用。本专题我们将一起探索"字典"的奥秘。

考查方向

☆ 能力考评方向

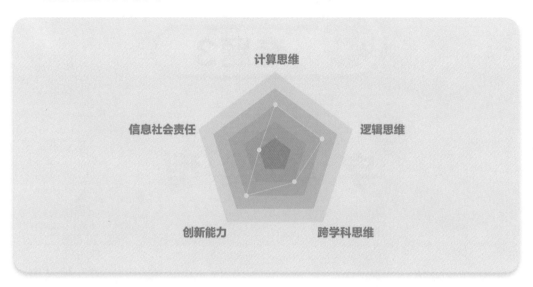

☆ 知识结构导图

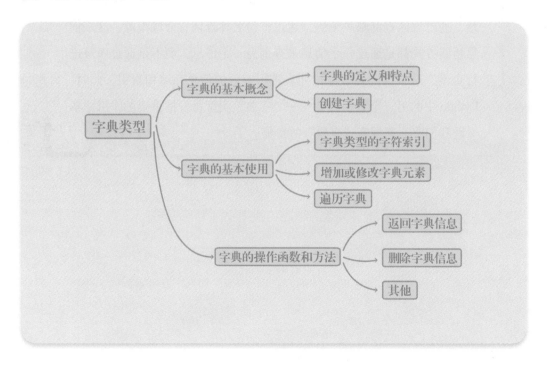

考点清单

 考点 1　字典的基本概念

考点评估		考查要求
重要程度	★★★☆☆	1．了解字典类型的概念；
难度	★★☆☆☆	2．掌握字典类型的表示；
考查题型	选择题、操作题	3．掌握字典类型的创建方法

（一）字典的定义和特点

字典是包含 0 个或多个键值对的集合，键值对之间没有顺序。在 Python 中，字典的键值对放入大括号"{ }"中，其中键和值之间通过冒号连接，键值对之间用逗号隔开，如图 3-1 所示。

图　3-1

如示例代码 3-1 所示，可以用字典类型存储诗人和作品的键值对。

示例代码 3-1

```
poet = {'李白':'蜀道难','杜甫':'登高','李商隐':'锦瑟'}
print(poet)
print(type(poet))
```

运行程序后，输出结果如图 3-2 所示。

```
控制台
{'李白': '蜀道难', '杜甫': '登高', '李商隐': '锦瑟'}
<class 'dict'>
程序运行结束
```

图　3-2

字典的键有以下特点。

（1）键不可以重复，如果同一个键被赋值两次或多次，那么最后一次的赋值才有效。如示例代码 3-2 所示，同一个键"Age"被赋值两次，则其对应的值是最后一次的赋值。

示例代码 3-2

```
intro = {'Name':'Bob','Age':9,'Age':'12'}
print(intro)
```

运行程序后，输出结果如图 3-3 所示。

控制台

{'Name': 'Bob', 'Age': '12'}
程序运行结束

图　3-3

（2）键必须不可变，也就是键可以是数字、字符串或元组等不可变的数据类型，但不可以是列表等可变的数据类型。如示例代码 3-3 所示，如果使用列表作为字典的键，程序将会报错。

示例代码 3-3

```
intro = {['Name']:'Bob','Age':12}
print(intro)
```

运行程序后，输出结果如图 3-4 所示。

控制台

Traceback (most recent call last):
  File "C:\Users\admin\Desktop\工作\Python三级\示例代码 3-3.py", line 1, in <module>
    intro = {['Name']:'Bob','Age':12}
TypeError: unhashable type: 'list'
程序运行结束

图　3-4

（二）创建字典

创建字典时，可以使用大括号进行赋值，并指定初始键值对，如果大括号内没有键值对，即创建了一个空的字典，如示例代码 3-4 所示。

示例代码 3-4

```
dict1 = {'作品': '将进酒', '作者': '李白', '朝代': '唐'}
```

```
dict2 = {}
print(dict1)
print(dict2)
print(type(dict2))
```

运行程序后，输出结果如图 3-5 所示。

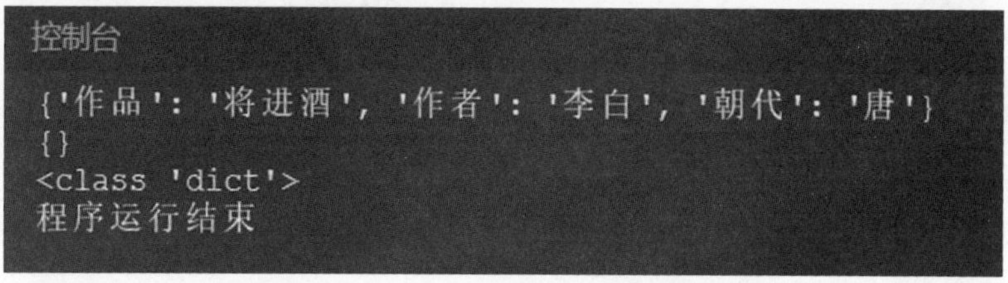

```
控制台
{'作品': '将进酒', '作者': '李白', '朝代': '唐'}
{}
<class 'dict'>
程序运行结束
```

图　3-5

也可以使用 dict() 函数创建字典，当不传入参数时，将创建一个空字典；如果传入参数且参数属于映射对象，将创建一个具有与映射对象相同键值对的字典。如示例代码 3-5 所示。

示例代码 3-5

```
dict1 = dict()
print(dict1)
dict2 = dict(name = 'Bob', age = 12)
print(dict2)
```

运行程序后，输出结果如图 3-6 所示。

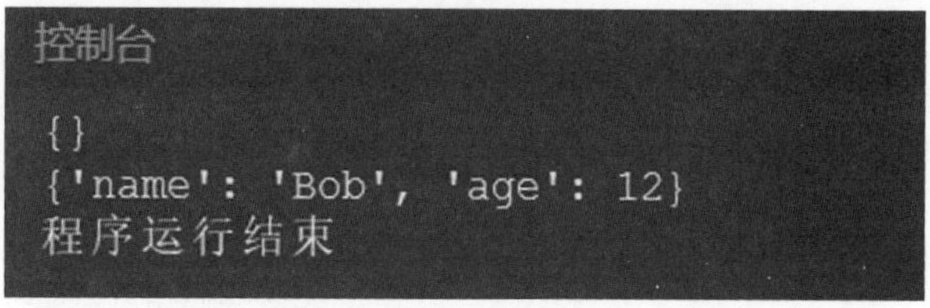

```
控制台
{}
{'name': 'Bob', 'age': 12}
程序运行结束
```

图　3-6

● **备考锦囊**

映射是指两个元素之间具有相互对应的关系，例如："李白：将进酒"以及"杜甫：春望"。"李白"与"将进酒"相对应，"杜甫"与"春望"相对应，这就是映射。字典类型是映射的一种体现。

dict() 函数可以将序列转换为字典，序列中的每一项需要包含两个元素，第一个元素将成为字典的键，第二个元素将成为其对应的值。如果键出现一次以上，那么最后一个键和值将成为字典中键对应的值。若想将两个序列中的元素一一对应打包转换为字典，可以配合函数 zip() 实现。如示例代码 3-6 所示。

示例代码 3-6

```
dict3 = dict([('name','Bob'), ('age',12)])
print(dict3)
dict4 = dict((('name','Bob'), ('age',12),('age',15)))
print(dict4)
dict5 = dict(zip(['name','age'], ['Bob',12]))
print(dict5)
```

运行程序后，输出结果如图 3-7 所示。

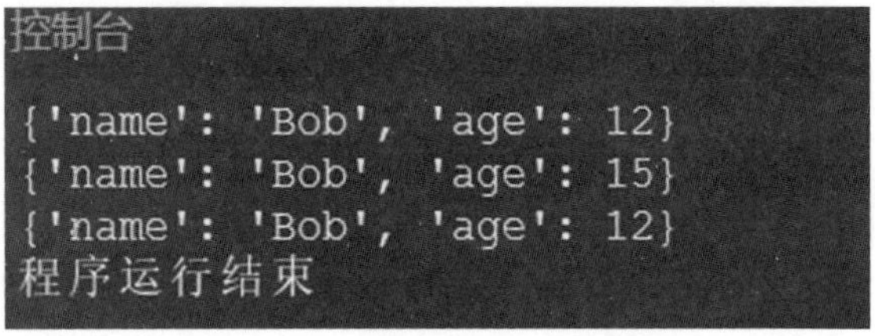

```
控制台

{'name': 'Bob', 'age': 12}
{'name': 'Bob', 'age': 15}
{'name': 'Bob', 'age': 12}
程序运行结束
```

图 3-7

考点 2 字典的基本使用

考点评估		考查要求
重要程度	★★★★☆	1. 掌握字典类型的字符索引；
难度	★★★☆☆	2. 能够增加或修改字典中的键值；
考查题型	选择题、操作题	3. 能够使用 for 循环遍历字典

（一）字典类型的字符索引

字典通过字符索引来查找与特定键相对应的值。字符索引使用字典名和特定的键，查找与这个键相对应的值。如示例代码 3-7 所示。

示例代码 3-7

```
poet = {'李白':'蜀道难','杜甫':'登高','李商隐':'锦瑟'}
print(poet['李白'])
```

运行程序后，输出结果如图 3-8 所示。

图 3-8

（二）增加或修改字典元素

字典可以通过对键信息赋值的方式来实现对键值对的增加和修改，如果该键在字典中存在，就会修改其对应的值；如果不存在，就会增加新的键值对。如示例代码 3-8 所示。

示例代码 3-8

```
poet = {'李白': '蜀道难', '杜甫': '登高', '李商隐': '锦瑟'}
poet['李白'] = '将进酒'  # 修改键值对
poet['白居易'] = '琵琶行'  # 增加键值对
print(poet)
```

运行程序后，输出结果如图 3-9 所示。

```
控制台
{'李白': '将进酒', '杜甫': '登高', '李商隐': '锦瑟', '白居易': '琵琶行'}
程序运行结束
```

图 3-9

（三）遍历字典

字典可以用 for 循环对其元素进行遍历。需要注意的是，在遍历时每次的循环变量其实是字典的字符索引值，即键。如示例代码 3-9 所示。

示例代码 3-9

```
poet = {'李白': '蜀道难', '杜甫': '登高', '李商隐': '锦瑟'}
for i in poet:
    print(i)
```

运行程序后，输出结果如图 3-10 所示。

图 3-10

● 备考锦囊

使用 for 循环遍历字典时，如果需要获得与键相对应的值，可以在 for 循环中使用中括号来查找键对应的值，也可以使用 get() 方法或者 values() 方法来查找键对应的值，如示例代码 3-10 所示。

示例代码 3-10

```
poet = {'李白': '蜀道难', '杜甫': '登高', '李商隐': '锦瑟'}
for i in poet:
    print(poet.get(i))
print('-'*20)
for i in poet.values():
    print(i)
```

运行程序后，输出结果如图 3-11 所示。

控制台
蜀道难
登高
锦瑟

蜀道难
登高
锦瑟
程序运行结束

图 3-11

考点 3　字典的操作函数和方法

考点评估		考查要求
重要程度	★★★★☆	掌握字典类型的操作函数和方法
难度	★★★☆☆	
考查题型	选择题、操作题	

（一）返回字典信息

1．keys()

字典方法 keys() 可以获取字典中所有键的信息，它返回的是由键构成的序列，可以在 for 循环中遍历序列的每个键元素，如示例代码 3-11 所示。

示例代码 3-11

```
tks = {'曹魏': '曹操', '蜀汉': '刘备', '东吴': '孙权'}
print(tks.keys())
for i in tks.keys():
    print(i)
```

运行程序后，输出结果如图 3-12 所示。

```
控制台
dict_keys(['曹魏', '蜀汉', '东吴'])
曹魏
蜀汉
东吴
程序运行结束
```

图　3-12

2．values()

同理，字典方法 values() 可以获取字典中所有值的信息，它返回的是由值构成的序列，同样可以直接在 for 循环中遍历序列中的每个值元素，如示例代码 3-12 所示。

示例代码 3-12

```
tks = {'曹魏': '曹操', '蜀汉': '刘备', '东吴': '孙权'}
print(tks.values())
for i in tks.values():
    print(i)
```

运行程序后，输出结果如图 3-13 所示。

```
控制台
dict_values(['曹操', '刘备', '孙权'])
曹操
刘备
孙权
程序运行结束
```

图　3-13

3．items()

字典方法 items() 可以获取所有的键值对信息，利用它返回的是由键值对构成的序列，在 for 循环中可以分别用两个循环变量来表示键和值，依次分别获取对应的键值对信息，如示例代码 3-13 所示。

示例代码 3-13

```
tks = {'曹魏': '曹操', '蜀汉': '刘备', '东吴': '孙权'}
print(tks.items())
for i, j in tks.items():
    print(i, j)
```

运行程序后，输出结果如图 3-14 所示。

```
控制台
dict_items([('曹魏', '曹操'), ('蜀汉', '刘备'), ('东吴', '孙权')])
曹魏 曹操
蜀汉 刘备
东吴 孙权
程序运行结束
```

图　3-14

4．get()

字典方法 get() 可以返回指定键相对应的值信息，如示例代码 3-14 所示。

示例代码 3-14

```
tks = {'曹魏': '曹操', '蜀汉': '刘备', '东吴': '孙权'}
print(tks.get('蜀汉'))
```

运行程序后，输出结果如图 3-15 所示。

5．popitem()

字典方法 popitem() 可以从字典中随机取出一个键值对，并以元组的形式返回，如示例代码 3-15 所示。

示例代码 3-15

```
tks = {'曹魏': '曹操', '蜀汉': '刘备', '东吴': '孙权'}
print(tks.popitem())
```

运行程序后，输出结果如图 3-16 所示。

图　3-15

图　3-16

（二）删除字典信息

1．del d[k]

del d[k] 可以删除字典中指定的键值对，如示例代码 3-16 所示。

示例代码 3-16

```
tks = {'曹魏':'曹操','蜀汉':'刘备','东吴':'孙权'}
del tks['蜀汉']
print(tks)
```

运行程序后，输出结果如图 3-17 所示。

```
控制台

{'曹魏':'曹操','东吴':'孙权'}
程序运行结束
```

图　3-17

2．pop()

pop() 方法可以返回特定键的相应值，同时删除这个键值对，如示例代码 3-17 所示。

示例代码 3-17

```
tks = {'曹魏':'曹操','蜀汉':'刘备','东吴':'孙权'}
a = tks.pop('东吴')
print(a)
print(tks)
```

运行程序后，输出结果如图 3-18 所示。

```
控制台

孙权
{'曹魏':'曹操','蜀汉':'刘备'}
程序运行结束
```

图　3-18

3．clear()

clear() 方法可以删除字典中所有的键值对，如示例代码 3-18 所示。

专题
3

示例代码 3-18

```
tks = {'曹魏': '曹操', '蜀汉': '刘备', '东吴': '孙权'}
tks.clear()
print(tks)
```

运行程序后，输出结果如图 3-19 所示。

（三）其他

1. len()

len() 可以返回字典的长度，也就是键值对的数量，如示例代码 3-19 所示。

示例代码 3-19

```
tks = {'曹魏': '曹操', '蜀汉': '刘备', '东吴': '孙权'}
a = len(tks)
print(a)
```

运行程序后，输出结果如图 3-20 所示。

图　3-19

图　3-20

2. k in d

k in d 可以判断键是否在字典中，如果在返回 True，否则返回 False，如示例代码 3-20 所示。

示例代码 3-20

```
tks = {'曹魏': '曹操', '蜀汉': '刘备', '东吴': '孙权'}
print('曹魏' in tks)
```

运行程序后，输出结果如图 3-21 所示。

图　3-21

考点探秘

考题 1

下列选项中对字典的定义不正确的是（　　　）。

A．{' 小明 ':100, ' 小华 ':50}

B．{'AAA':' 你好 ',(3,4,5):' 元组 '}

C．{1:' 数字 ', ' 语文 ':100}

D．{[1, 2, 3]: ' 列表 ', 'hello': ' 字符 '}

※ **核心考点**

考点 1　字典的基本概念

※ **思路分析**

本题考查字典键的特性。

※ **考题解答**

字典的键必须是不可变的，不可以使用列表，故选 D。

考题 2

运行下列程序，输出结果是（　　　）。

```
D1 = {'Name': 'Runoob', 'Age': 7, 'Class': 'First'}
print(len(D1))
```

A．0　　　　　　　　B．1　　　　　　　　C．3　　　　　　　　D．6

※ **核心考点**

考点 3　字典的操作函数和方法

※ **思路分析**

本题考查函数 len() 在字典中的使用。

※ **考题解答**

字典中一个键值对代表一个长度，本题的字典 D1 中包含三个键值对，使用函数 len() 获得字典的长度为 3，故选 C。

※ **举一反三**

运行下列程序，输出结果是（　　　）。

```
intro = {'姓名': '小明', '性别': '男', '年龄': 9}
print(intro.values())
```

A．dict_keys(['姓名','性别','年龄'])

B．dict_values(['小明','男',9])

C．dict_values(['姓名','性别','年龄'])

D．dict_keys(['小明','男',9])

巩固练习

1．下列选项中不可以作为字典的键的是（　　　）。

　　A．数字　　　　B．字符串　　　　C．元组　　　　　D．列表

2．运行下列程序，输出结果是（　　　）。

```
D1 = {'姓名': '小明', '语文':90, '英语': 80,'数学':100}
print(len(D1))
```

　　A．0　　　　　B．4　　　　　　C．8　　　　　　D．12

3．编写程序，依次输出字典的值信息，在下列程序中 ① 处应填写的是（　　　）。

```
dic = {'唐':'李白','明':'于谦','宋':'李清照'}
for i in _____①_____ :
    print(i)
```

　　A．dic　　　　B．dic.get()　　　C．dic.values()　　　D．dic.items()

专题4

数 据 维 度

　　我们知道图形图像有维度，一维可以看作一条线，二维可以理解为平面，三维则是立体，那么数据的维度是什么呢？一维数据可以表示什么，二维数据又可以代表什么呢？这节课就让我们一起来学习数据的维度。

专题
4

考查方向

⭐ 能力考评方向

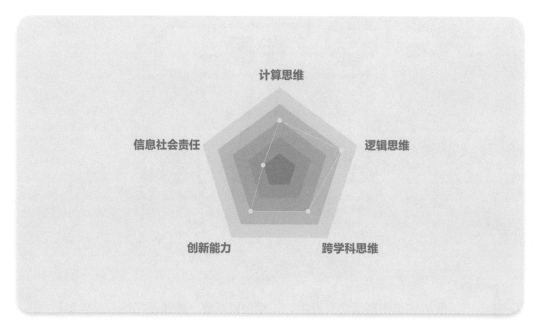

⭐ 知识结构导图

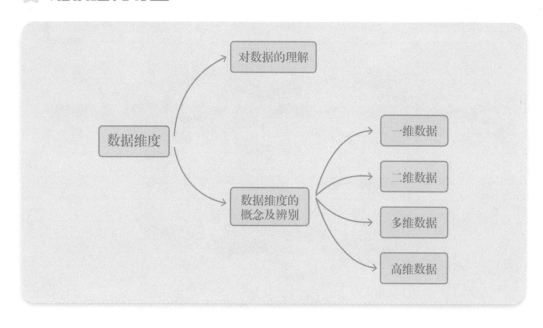

考点清单

考点 1　对数据的理解

考点评估		考查要求
重要程度	★★★☆☆	
难度	★★★☆☆	了解数据所表达的含义和用途
考查题型	选择题、填空题	

我们用程序的指令让计算机去完成各种各样的工作，程序语言就相当于我们和计算机交流的语言，而这些工作都是通过使用计算机处理数据完成的，因此操作数据就是程序最主要的任务。

数据是一个广泛的概念，在计算机系统中，各种字母及数字符号的组合、语音、图形、图像等统称为数据。数据表达着特定信息，蕴含着某些特定的含义。

一个数据表达一个含义，一组数据可以表达一个或多个含义，如示例代码 4-1 所示，一个 score 变量只能表达一个学生的分数，而一组由多个分数组成的 score 列表就可以表达一个小组中多个学生的分数。

示例代码 4-1

```
score1 = 95
score2 = [90,93,98,95,97,99,96]
```

考点 2　数据维度的概念及辨别

考点评估		考查要求
重要程度	★★★★★	1. 掌握数据维度的概念，掌握一维、二维和高维数据的基本概念；
难度	★★★★☆	2. 能够辨别数据的维度，能够区分实际问题中的数据维度
考查题型	选择题、填空题	

在组合数据类型的学习中，我们已经学会了如何组织一组数据。在数据组织的

过程中，还有一个重要的概念——维度。对于一组数据，是采用线性方式进行组织，还是采用二维方式进行组织，这就构成了不同的数据组织形式，也就是数据的维度。

（一）一维数据

一维数据是由对等关系的有序或无序数据构成，采用线性方式组织，如图 4-1 所示。

$$34 \quad 42 \quad 53 \quad 61 \quad 72 \quad 83 \quad 91$$

图　4-1

由此可看出，一维数据对应着 Python 中的列表、集合等数据类型，如示例代码 4-2 所示。

示例代码 4-2

```
l = [34,42,53,61,72,83,91]   #列表
s = {34,42,53,61,72,83,91}   #集合
```

一维数据通常用来组织一组数据，并不考虑数据之间是否有位置和重复等关系，只需要把数据组织起来形成线性方式。

（二）二维数据

二维数据是由多个一维数据构成，是一维数据的组合形式。二维数据在生活中很常见，比如班级的学生成绩表、班级考勤表等，如图 4-2 所示，每一行都有对应的多个信息。

学　号	姓　名	年　龄	性　别	总　分		学　号	姓　名	性　别	签到时间
1	张三	10	男	98		1	张三	男	7:00
2	李四	10	男	92		2	李四	男	6:45
3	王五	10	男	90		3	王五	男	7:10
4	刘六	10	女	95		4	刘六	女	6:52
5	吴七	10	女	93		5	吴七	女	7:02

图　4-2

可以发现，表格就是典型的二维数据，相当于数学中的矩阵，基本上所有的表格都可以当作二维数据。表头可以作为二维数据的一部分，也可以作为二维数据之外的部分，仅当作是表格的说明内容，可根据实际使用情况而定。

（三）多维数据

多维数据是由一维或二维数据在新维度上扩展所形成的。比如班级的学生成绩表，如图 4-3 所示，在时间或场次维度上可以分为期中考试成绩和期末考试成绩，也可以分为第一单元测验成绩、第二单元测验成绩、第三单元测验成绩等，这就是在时间维度上扩展而形成的多维数据。

期中成绩表

学　号	姓　名	年　龄	性　别	总　分
1	张三	10	男	86
2	李四	10	男	92
3	王五	10	男	88
4	刘六	10	女	90
5	吴七	10	女	91

期末成绩表

学　号	姓　名	年　龄	性　别	总　分
1	张三	10	男	93
2	李四	10	男	91
3	王五	10	男	85
4	刘六	10	女	88
5	吴七	10	女	95

图　4-3

多维数据一般根据特定情况的要求，在一维数据或二维数据的基础上扩展新的维度，以满足实际场景的需求，例如每学期的体检报告、每个季度的天气温度统计、每个学校之间的分数排名等。

（四）高维数据

高维数据是指仅利用最基本的二元关系展示数据间关系的复杂结构。我们学过的字典就是通过"键值对"来表示值与属性之间的关系。键值对之间也可以通过有效组织来表达更复杂的逻辑关系，如示例代码 4-3 所示，这就是高维数据。

示例代码 4-3

```
{"参赛人员":[
    {  "姓氏":"孙",
       "名字":"桃桃",
       "身高":"180"      },
    {  "姓氏":"李",
       "名字":"强强",
       "身高":"190"      },
    {  "姓氏":"赵",
       "名字":"宇宇",
       "身高":"175"      } ]
}
```

高维数据能够便于在服务器之间交换数据，具有网络传输速度快的特性，因此作为被传输的数据广泛应用于网络系统。高维数据能有效地传递网页信息并协助服务器和客户端进行交互，如图 4-4 所示。

×   Headers **Preview** Response Cookies Timing

```
▼{data: [{category_id: 1, category_name: "系统通知", category_type: "sys", unread_count: 0},…], errno: 0,…}
  ▼data: [{category_id: 1, category_name: "系统通知", category_type: "sys", unread_count: 0},…]
    ▼0: {category_id: 1, category_name: "系统通知", category_type: "sys", unread_count: 0}
      category_id: 1
      category_name: "系统通知"
      category_type: "sys"
      unread_count: 0
    ▼1: {category_id: 2, category_name: "吧主通知", category_type: "barowner", unread_count: 0}
      category_id: 2
      category_name: "吧主通知"
      category_type: "barowner"
      unread_count: 0
    ▼2: {category_id: 3, category_name: "T豆通知", category_type: "beans", unread_count: 0}
      category_id: 3
      category_name: "T豆通知"
      category_type: "beans"
      unread_count: 0
    ▶3: {category_id: 4, category_name: "活动通知", category_type: "activity", unread_count: 0}
  errmsg: "成功"
  errno: 0
```

图　4-4

● 备考锦囊

对于数据而言，还有一个操作周期的概念，即数据在硬盘和程序之间的操作过程。由于数据必须被存储才能进行处理，操作周期可以分为数据存储、数据表示以及数据操作这三个阶段，如图 4-5 所示。

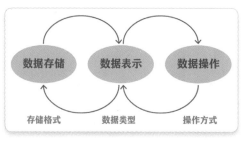

图　4-5

数据存储是指数据在磁盘中的存储状态，也就是数据存储的格式。数据表示是指程序中表达数据的方式，也就是数据类型。如果数据由程序中的数据类型进行了有效的表达，就可以借助数据类型进行数据操作，具体的操作方式根据不同数据类型的操作方法和算法而定。在后面的专题中，我们将详细了解到各个维度数据的表示方法以及操作周期。

考点探秘

> ## 考题 1

以下选项的描述，正确的是（　　）。

A．一维数据只能有序，不能无序

B．二维数据可以用表格的形式来表示

C．多维数据是由一维数据加二维数据组合而成

D．高维数据可以用集合类型来表示

※ **核心考点**

考点 2　数据维度的概念及辨别

※ **思路分析**

本题考查一维数据、二维数据、多维数据和高维数据的概念。

※ **考题解答**

一维数据可以由有序数据或无序数据构成，选项 A 错误；多维数据是由一维数据或二维数据在新维度上扩展形成，并不是相加组合而成，选项 C 错误；高维数据是利用最基本的二元关系展示数据间的复杂结构，即用字典类型来表示，选项 D 错误。故选 B。

※ **举一反三**

关于一维数据的组织问题，以下选项中描述错误的是（　　）。

A．一维数据可以采用线性结构表示

B．一维数据在程序中可以使用集合数据类型来表示

C．一维数据只能使用键值对表示

D．一维数据在程序中可以使用列表数据类型来表示

> ## 考题 2

已知数据如表 4-1 所示，则该数据是（　　）。

表　4-1

姓名	分数
小明	89
小华	93

A．一维数据

B．二维数据

C．三维数据

D．高维数据

※ 核心考点

考点 2　数据维度的概念及辨别

※ 思路分析

本题考查数据维度的辨别。

※ 考题解答

从表 4-1 中可以看出，数据是以表格的形式展现，属于二维数据，故选 B。

巩固练习

1．下列选项中关于一维数据的说法，正确的是（　　）。

A．一维数据通常采用非线性组织形式

B．一维数据只能使用列表类型来存储数据

C．一维数据通常使用表格来存储数据

D．有序的一维数据可以使用列表类型来表示

2．以下数据类型能表示无序的一维数据的是（　　）。

A．字典

B．数字

C．集合

D．列表

3．下列代码表示的数据其数据维度是（　　）。

```
{" 选手 ": [
    {   " 姓名 ":" 孙桃桃 ",
        " 年龄 ":"24",
        " 身高 ":"179"       },
    {   " 姓名 ":" 王刚强 ",
        " 年龄 ":"23",
        " 身高 ":"182"       },
    {   " 姓名 ":" 李明明 ",
        " 年龄 ":"22",
        " 身高 ":"173"       } ]
}
```

  A．一维数据

  B．二维数据

  C．多维数据

  D．高维数据

一维数据处理

计算机能够根据指令操作数据，对于计算机而言，程序就是一条条指令的集合。计算机程序可以对数据进行读、写等一系列操作。数据除了单一的数据类型（整型、字符串等）外，还有根据不同的维度组织起来的各种数据组织，一维数据就是数据组织的一种。如何定义、存储、表示和读写一维数据呢？让我们一起走进本专题。

考查方向

★ 能力考评方向

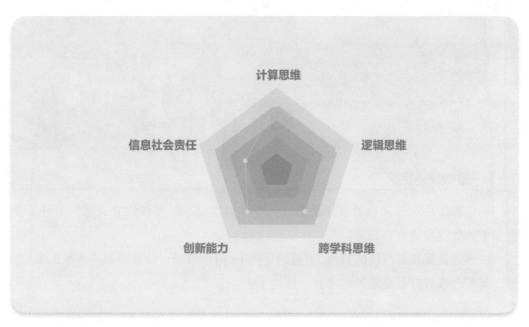

★ 知识结构导图

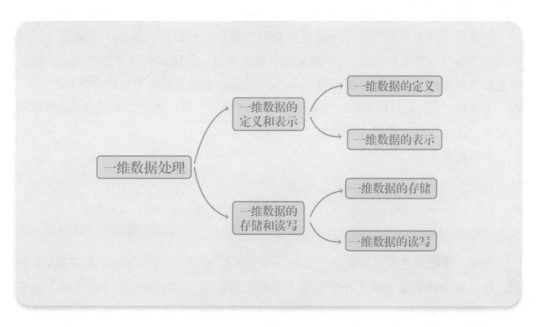

考点清单

考点 I　一维数据的定义和表示

考点评估		考查要求
重要程度	★★★☆☆	1. 了解一维数据的定义；
难度	★★★☆☆	2. 掌握一维数据的表示方法
考查题型	选择题	

（一）一维数据的定义

一维数据由对等关系的有序数据或无序数据构成，采用线性方式组织，对应于数学中的数组和集合等概念。

一维数据都具有线性的特点。下面的示例中，第一排的一维数据都是水果的名称，第二排的一维数据都是坚果的名称。例如：

```
苹果、香蕉、哈密瓜、荔枝、榴梿、菠萝
花生、瓜子、干果
```

（二）一维数据的表示

一维数据的表示是指用程序的数据类型来表示一维数据，如果一维数据之间存在顺序关系（即有序），那么可以使用列表类型来表示数据，列表类型是表达一维有序数据最合理的数据类型。如示例代码 5-1 所示，小明的期末考试成绩是对应"语、数、英、物、化"科目的有序一维数据，可以使用列表类型表示，并通过 for 循环遍历数据，进而对每个数据进行处理。

示例代码 5-1

```
score_list = [92,98,95,89,97]
for score in score_list:
    print(score)
```

如果一维数据之间不存在顺序关系（即无序），那么可以使用集合类型来表示数据，集合类型是表达一维无序数据最合理的数据类型。如示例代码 5-2 所示，水果

专题 5　一维数据处理

店售卖的各种水果就是无序的一维数据，所以可以使用集合类型来表示，并通过 for 循环可以遍历数据，进而对每个数据进行处理。

示例代码 5-2

```
fruit_set = {'苹果','香蕉','橘子','橙子'}
for fruit in fruit_set:
    print (fruit)
```

所以，可以使用列表或集合表示一维数据，根据数据是否有序来判断选择哪种数据类型更加合适。

考点 2　一维数据的存储和读写

考点评估		考查要求
重要程度	★★★★☆	1．掌握一维数据的存储方式；
难度	★★★☆☆	2．掌握一维数据的读写方法
考查题型	选择题	

（一）一维数据的存储

一维数据是比较简单的数据组织，可以使用多种存储方式存储在硬盘上或者文件中。

（1）存储方式一：空格分隔

其中最简单的数据存储方式就是在数据之前用空格进行分隔，即使用一个或多个空格分隔数据并进行存储，只用空格分隔而不必换行。例如：

汽车 火车 自行车 地铁 大巴车 飞机

（2）存储方式二：逗号分隔

使用英文半角逗号分隔数据进行存储，并且不换行，这是一维数据存储方式的另一种形式。例如：

汽车,火车,自行车,地铁,大巴车,飞机

（3）存储方式三：其他特殊字符

使用其他符号或符号组合分隔，可以采用特殊符号。例如：

汽车％火车％自行车％地铁％大巴车％飞机

● **备考锦囊**

　　以上三种存储方式是一维数据常用的存储方式，实际使用中需要注意的是，不管使用哪种存储方式，数据中都不能存在空格或字符。例如，如果使用空格分隔存储，那么数据中则不能存在空格；如果数据中存在空格，那么将无法区分空格是在数据内还是在数据之间。其他字符分隔存储方式也是同样的道理。

（二）一维数据的读写

　　对一维数据进行读写操作时，需要使一维数据既可以被存储在文件中，也可以从文件中被读取出来。将一维数据写入文件时，可以使用空格或其他特殊符号进行分隔，读取时可以根据数据情况的要求，用列表或集合的形式表示。

1. 写入一维数据

　　如示例代码 5-3 所示，将一维数据（战国七雄：齐国、楚国、燕国、韩国、赵国、魏国、秦国）写入新建文件"战国七雄 .txt"中，并以逗号（,）分隔。

示例代码 5-3

```
s1 = '齐国、楚国、燕国、韩国、赵国、魏国、秦国'
slist = s1.split('、')    # 将字符串分隔并转化为列表
f = open('D:/Python 等级考试 3 级 / 战国七雄 .txt', 'w')
f.write(','.join(slist))    # 将列表以逗号连接并写入到文件中
f.close()
```

　　运行程序后,在相应的文件夹中可以看到txt格式的文件,文件内容如图5-1所示。

图　5-1

2．读取一维数据

如示例代码 5-4 所示，读取文件"战国七雄 .txt"中的数据，并以列表或集合的形式输出在控制台中。

示例代码 5-4

```
f = open('D:/Python 等级考试 3 级 / 战国七雄 .txt')
txt = f.read()
list1 = txt.split(',')
print(list1)   # 以列表的形式表现
print(set(list1))   # 以集合的形式表现
f.close()
```

运行程序后，输出结果如图 5-2 所示。

```
控制台
['齐国', '楚国', '燕国', '韩国', '赵国', '魏国', '秦国']
{'魏国', '秦国', '楚国', '齐国', '韩国', '燕国', '赵国'}
程序运行结束
```

图　5-2

● **备考锦囊**

读写一维数据时，可以从文件中读入以特殊符号分隔的一维数据，也可以写入以特殊符号分隔的一维数据，如示例代码 5-5 所示。

示例代码 5-5

```
""" 写入处理，以示例代码 5-3 中第 4 行为例 """
f.write('&'.join(slist))   # 以 '&' 的形式分隔
f.write('#'.join(slist))   # 以 '#' 的形式分隔

""" 修改战国七雄 .txt 中数据的分隔方式，读入处理，以示例代码 5-4 中第 3 行为例 """
list1 = txt.split(' ')   # 读入以空格的形式分隔的一维数据
list1 = txt.split('%')   # 读入以 '%' 的形式分隔的一维数据
```

考点探秘

考题 1

已知 ls = [1,2,3,'a', '2', 'c']，则 ls 的数据维度是（　　）。

A．一维数据　　　　　　　　B．二维数据

C．三维数据　　　　　　　　D．高维数据

※ **核心考点**

考点 1　一维数据的定义和表示

※ **思路分析**

本题需要考生掌握一维数据的表示方法。

※ **考题解答**

一维数据由对等关系的有序数据或无序数据构成，其中有序数据可以使用列表来表示，无序数据可以使用集合来表示。ls 是一个列表，且列表中的元素都是对等关系，所以是一维数据。故答案选 A。

※ **举一反三**

下列选项中属于一维数据的是（　　）。

A．[1,2,3,6]

B．[[1,2,3],[4,5,6]]

C．[[1,5,8],[' 你 ',' 我 ',' 他 ']]

D．[{' 姓名 ':' 小明 ',' 语文 ':99,' 数学 ':100},

　　{' 姓名 ':' 小黄 ',' 语文 ':90,' 数学 ':70},

　　{' 姓名 ':' 小蔡 ',' 语文 ':55,' 数学 ':40}]

考题 2

关于一维数据存储格式的问题，以下选项中描述错误的是（　　）。

A．一维数据可以采用句号（。）分隔方式存储

B．一维数据可以采用分号（；）分隔方式存储

C．一维数据可以采用特殊符号（¥）分隔方式存储

D．一维数据不可以采用星号（*）分隔方式存储

※ 核心考点

考点 2 一维数据的存储和读写

※ 思路分析

本题需要考生掌握一维数据的存储格式。

※ 考题解答

一维数据可以使用空格、逗号（,）或者特殊符号来分隔一维数据，A、B、C 选项正确，D 选项描述为不可以，故选 D。

※ 举一反三

小风同学想将今年学习的科目写入到文件"初一学科 .txt"中，并以逗号分隔，下面是已经写好的代码，①、②应该填入的分别是（   ）。

```
subject = ' 语文、数学、英语、历史、地理、政治、生物 '
sub_list = subject.   ①   ('、')
f = open('C:/Users/Administrator/Desktop/ 初一学科 .txt', 'w')
f.write(','.   ②   (sub_list))
f.close()
```

A．join split   B．join list

C．split list   D．split join

巩 固 练 习

1．下面选项中，不属于一维数据的是（   ）。

A．[3, 8, 10, 18]

B．{ 'b', 'Bob', 'a', ' 数字 '}

C．{8, 4, 9, 8, 5, 5}

D．[' 红色 ', ' 黄色 ', ' 绿色 ', [3,4,5], ' 紫色 ']

2．下面关于一维数据的说法正确的是（　　）。

　　A．只能使用 txt 文件格式来存储一维数据

　　B．一维数据就是列表或者集合

　　C．一维数据都具备线性方式

　　D．使用 % 分隔一维数据，比如某公司每年营业额增长的百分比

3．请编写出完整的程序将下面的数据存储到文件"学习成绩 .txt"中（文件在 D 盘 Python 等级考试 3 级文件夹中），并以顿号（、）分隔，需要存储的数据为 98,78,84,72,93,95。

4．请编写程序，完成以下任务。

（1）读入第 3 题中的文件内容（学习成绩 .txt）。

（2）以数字类型存储到列表中。

（3）将列表的内容打印出来。

专题6

二维数据处理

二维数据是由多个一维数据构成的,那么二维数据是否还能用列表来表示呢?二维数据的存储方式是否和一维数据一致呢?二维数据的读写跟一维数据是否有其他差异呢?本专题就来带领大家学习如何处理二维数据。

考查方向

⭐ 能力考评方向

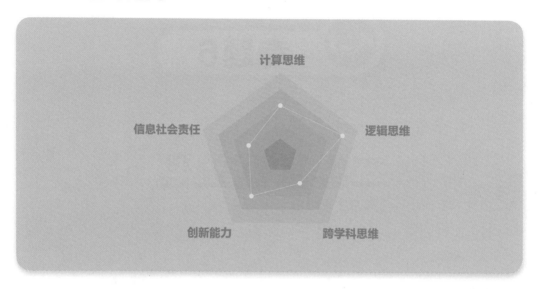

⭐ 知识结构导图

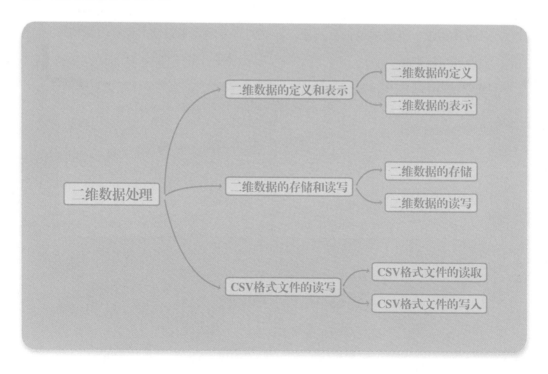

考点清单

 考点 1　二维数据的定义和表示

考点评估		考查要求
重要程度	★★★☆☆	1．了解二维数据的定义； 2．掌握二维数据的表示方法
难度	★★★☆☆	
考查题型	选择题、操作题	

（一）二维数据的定义

二维数据也称为表格数据，由关联关系数据构成，采用表格方式组织，对应数学中的矩阵。

如表 6-1 所示，三位同学的期末排球考试成绩构成了一组二维数据。

表　6-1

姓　名	年龄	身高 /cm	体重 /kg	分数
李志宇	20	184	65	9
王佳怡	19	165	51	9.5
李恒涛	21	175	68	8.8

（二）二维数据的表示

由于二维数据中的每行数据都有相同的格式特点，所以一般采用列表类型来表示二维数据。这个列表类型是指二维列表，二维列表本身是一个列表，其中的每一个元素又是一个列表，所以称为二维列表。二维列表中的每个元素可以代表二维数据的每一行或每一列，若干行和若干列即可形成二维列表。如示例代码 6-1 所示。

示例代码 6-1

```
[ [0,1,2,3,4],
  [10,11,12,13,14],
  [20,21,22,23,24] ]
```

使用二维列表表达二维数据，可以通过两层 for 循环遍历每个元素，第一层 for

循环遍历二维列表的每个元素，每个元素又是一个列表，可以对应二维数据中的一行或一列；所以需要第二层 for 循环来遍历二维列表中的实际元素，如示例代码 6-2 所示。

示例代码 6-2

```
L = [  [0,1,2,3,4],
       [10,11,12,13,14],
       [20,21,22,23,24]   ]
for row in L:
    for i in row:
        print(i)
```

运行程序后，遍历元素的结果如图 6-1 所示。

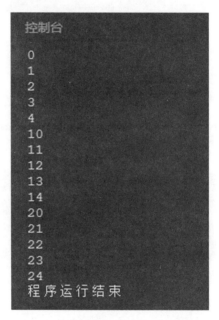

图　6-1

考点 2　二维数据的存储和读写

考点评估		考查要求
重要程度	★★★★★	1．掌握二维数据的存储方式；
难度	★★★★☆	2．掌握二维数据的读写方法
考查题型	选择题、操作题	

（一）二维数据的存储

二维数据可以按行或者列进行存储，具体由实际情况和程序决定。一般的索引习惯是先行后列，即外层列表每个元素是一行，先按行存储，由多行元素完成二维数据的存储，如图 6-2 所示。

```
[
    [ '城市群','城市数量','面积','GDP' ],
    [ '珠三角', 9 , 5.5 ,6.8 ],
    [ '长三角',26,21.2,14.7 ],
    [ '京津冀',13,21.5,7.5 ]
]
```

图　6-2

（二）二维数据的读写

1. CSV 格式文件

CSV 是一种用来存储数据的纯文本文件格式，其中数据以逗号分隔，是国际通用的一维数据或二维数据的存储格式，一般以 .csv 扩展名来命名文件，其中每一行表示一个一维数据，使用逗号分隔且无空行。

CSV 文件可以用 Excel 等软件进行读写保存，CSV 格式是数据间转换的通用格式，常用来存放电子表格、一维数据和二维数据。使用记事本或 Excel 软件可以打开或另存为 CSV 格式的文件。如图 6-3 所示，可以选择以 CSV 格式存储表格数据。

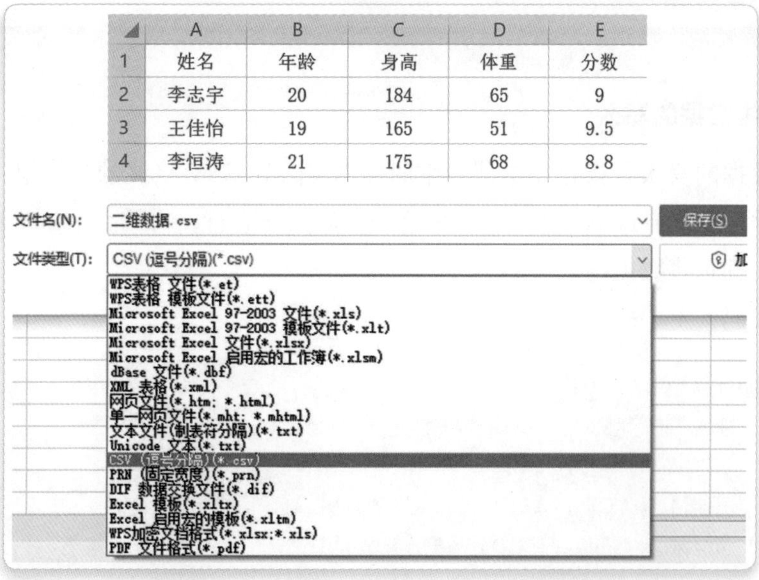

	A	B	C	D	E
1	姓名	年龄	身高	体重	分数
2	李志宇	20	184	65	9
3	王佳怡	19	165	51	9.5
4	李恒涛	21	175	68	8.8

文件名(N)：二维数据.csv　　保存(S)

文件类型(T)：CSV (逗号分隔)(*.csv)　　加

WPS表格 文件(*.et)
WPS表格 模板文件(*.ett)
Microsoft Excel 97-2003 文件(*.xls)
Microsoft Excel 97-2003 模板文件(*.xlt)
Microsoft Excel 文件(*.xlsx)
Microsoft Excel 启用宏的工作簿(*.xlsm)
dBase 表格(*.dbf)
XML 表格(*.xml)
网页文件(*.htm; *.html)
单一网页文件(*.mht; *.mhtml)
文本文件(制表符分隔)(*.txt)
Unicode 文本(*.txt)
CSV (逗号分隔)(*.csv)
PRN (固定宽度)(*.prn)
DIF 数据交换文件(*.dif)
Excel 模板(*.xltx)
Excel 启用宏的模板(*.xltm)
WPS加密文档格式(*.xlsx;*.xls)
PDF 文件格式(*.pdf)

图　6-3

● **备考锦囊**

（1）CSV 格式文件的每行代表一个一维数据，多行则表示由多个一维数据组成了二维数据。

（2）以逗号分隔每列数据，列数据为空也要保留逗号，以此表示该列存在。

将示例代码 6-3 中的信息保存到 CSV 格式的文件中，并使用记事本工具打开，如图 6-4 所示，列数据为空的部分也保留了逗号，以表示该列的存在。

示例代码 6-3

```
dict_message2 = [
    ['姓名','年龄','身高','体重','分数'],
    ['李志宇',20,,65,9],
    ['王佳怡',19,,51,9.5],
    ['李恒涛',,175,68,8.8]
]
```

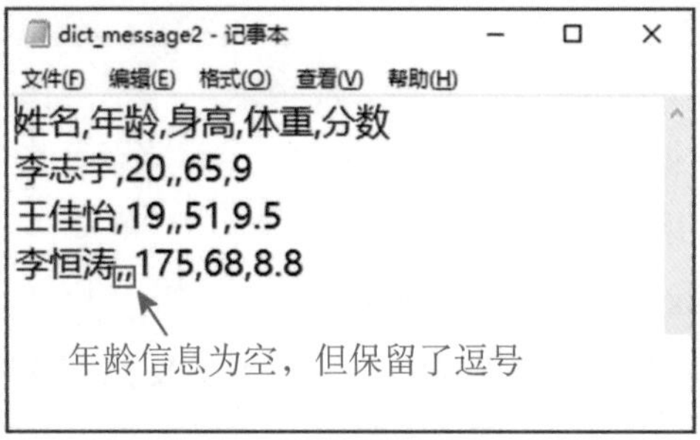

图   6-4

2. 二维数据的写入

二维数据的写入是指将二维列表中的数据写入到 CSV 格式的文件中，如示例代码 6-4 所示，可以通过 for 循环遍历每个一维数据作为行，再结合 join() 函数添加逗号和换行，即可将数据写入 CSV 文件中。

示例代码 6-4

```
dict_message2 = [
    ['姓名','年龄','身高','体重','分数'],
    ['李志宇','20','184','65','9'],
    ['王佳怡','19','165','51','9.5'],
    ['李恒涛','21','175','68','8.8']
]
```

```
f = open('E:/ 排球考试信息 .csv','w')
for i in dict_message2:
    f.write(','.join(i)+'\n')
f.close()
```

运行程序后生成的 CSV 文件如图 6-5 所示。

▲	A	B	C	D	E
1	姓名	年龄	身高	体重	分数
2	李志宇	20	184	65	9
3	王佳怡	19	165	51	9.5
4	李恒涛	21	175	68	8.8
5					

图 6-5

● **备考锦囊**

在使用 join() 函数时,其参数中的列表元素只能为字符串类型,不能为数字类型,不然会引发程序错误,如图 6-6 所示。所以需要确保二维列表的元素为字符串类型,才能使用 join() 函数进行拼接。

```
1  a = ['a','b','c']
2  print(','.join(a))
3  b = [1,2,3]
4  print(','.join(b))
```

```
控制台
a,b,c
Traceback (most recent call last):
  File "C:\Users\ADMINI~1\AppData\Local\Temp\codemao-jbMJKQ/temp.py", line 4, in <module>
    print(','.join(b))
TypeError: sequence item 0: expected str instance, int found
程序运行结束
```

图 6-6

3.二维数据的读取

二维数据以 CSV 格式文件保存后,Python 程序可以将文件中的数据读取出来。

将表 6-1 所示的二维数据保存至"排球考试信息 .csv"文件中,如果要读取 CSV 格式的文件数据,可以使用 for 循环逐行读取文件内容;再将每一行的数据都添加到列表 ls1 中,并打印输出,如示例代码 6-5 所示。

示例代码 6-5

```
f = open('E:/ 排球考试信息 .csv', 'r')
ls1 = []
```

```
for i in f:
    i = i.split(',')
    ls1.append(i)
print(ls1)
f.close()
```

程序运行结果如图 6-7 所示。

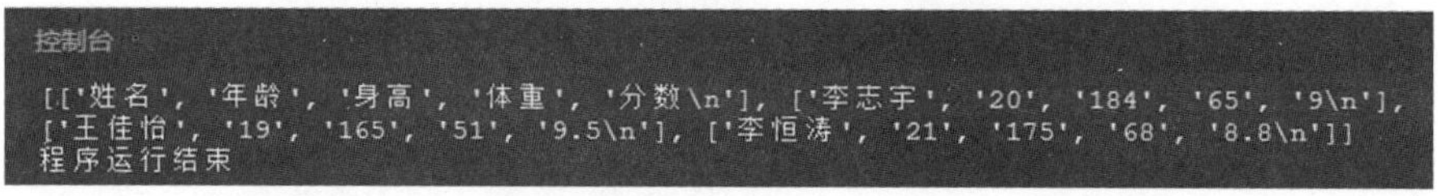

```
控制台
[['姓名', '年龄', '身高', '体重', '分数\n'], ['李志宇', '20', '184', '65', '9\n'],
['王佳怡', '19', '165', '51', '9.5\n'], ['李恒涛', '21', '175', '68', '8.8\n']]
程序运行结束
```

图   6-7

示例代码 6-4 将文件中的数据以列表（二维列表）形式打印，但在输出内容中，每个子列表的最后一个元素都有一个换行符（\n），可以使用 replace() 函数将其换掉，如示例代码 6-6 所示。

示例代码 6-6

```
f = open('E:/ 排球考试信息 .csv', 'r')
ls1 = []
for i in f:
    i = i.replace('\n', '')
    ls1.append(i.split(','))
print(ls1)
f.close()
```

运行程序后，输出结果如图 6-8 所示。

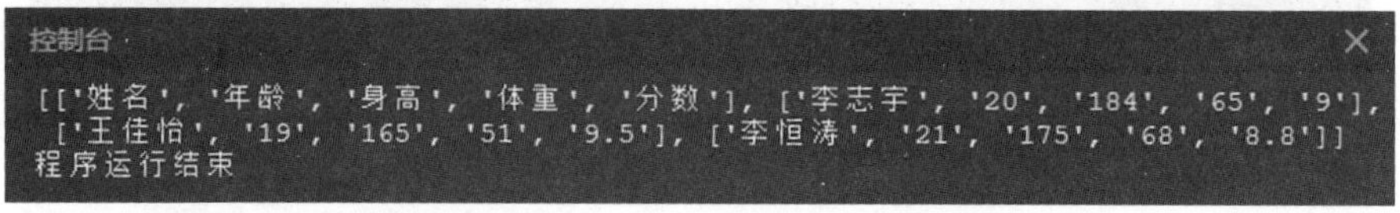

```
控制台                                                          ✕
[['姓名', '年龄', '身高', '体重', '分数'], ['李志宇', '20', '184', '65', '9'],
['王佳怡', '19', '165', '51', '9.5'], ['李恒涛', '21', '175', '68', '8.8']]
程序运行结束
```

图   6-8

● 备考锦囊

　　str.replace(a,b[,max]) 函数是把字符串中的旧字符串（a）替换成新字符串（b），如果指定第三个参数 max，则表示替换不超过 max 次，如示例代码 6-7 所示。

示例代码 6-7

```
s1 = 'Bob is good boy'
s2 = s1.replace('o','i',3)
print(s2)
```

运行程序后，输出结果如图 6-9 所示。

```
控制台
Bib is giid boy
程序运行结束
```

图　6-9

字符串 s1 中共有 4 个字母"o"，而设定的替换参数为 3，所以最终"boy"中的第四个字母"o"未被替换。

考点 3　CSV 格式文件的读写

考点评估		考查要求
重要程度	★★★★★	1. 掌握 CSV 格式文件的两种读取方式；
难度	★★★★☆	2. 掌握 CSV 格式文件的两种写入方式
考查题型	选择题、操作题	

（一）CSV 格式文件的读取

在 csv 库中包含了 csv.reader() 与 csv.DictReader() 函数，可以直接读取 CSV 格式的文件，并且能以列表、字典或表格的形式输出，其使用方法如表 6-2 所示。

表　6-2

函　　数	使 用 方 法
csv.reader(fb)	表示对传入的文件 fb 以列表的形式读取
csv.DictReader(fb)	表示对传入的文件 fb 以字典的形式读取

注：这里以列表或字典的形式读取是指二维数据中每行数据的读取形式。

以 CSV 格式文件"排球考试信息 .csv"为例，示例代码 6-8 表示直接读取文件中第 3 列数据并输出。

专题 6

示例代码 6-8

```
import csv
ls2 = []
f = open('E:/排球考试信息 .csv', 'r')
reader = csv.reader(f)
for i in reader:
    print(i[3])
f.close()
```

运行程序后，输出结果如图 6-10 所示。

除此之外，使用 DictReader() 函数进行读取时，其读取的信息是以字典的形式保存到 reader 中，所以还可以根据表头信息来读取并输出 CSV 格式中的数据。如示例代码 6-9 所示，可以只输出"姓名"和"身高"的信息。

示例代码 6-9

```
import csv
f = open('E:/排球考试信息 .csv', 'r')
reader = csv.DictReader(f)
for i in reader:
    print(i[' 姓名 '],i[' 身高 '])
f.close()
```

运行程序后，输出结果如图 6-11 所示。

图　6-10

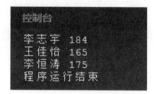

图　6-11

csv.DictReader() 函数还可以根据要求以字典的形式输出二维数据信息，如示例代码 6-10 所示。

示例代码 6-10

```
import csv
dict_list = []
f = open('E:/排球考试信息 .csv', 'r')
reader = csv.DictReader(f)
for i in reader:
    # 以字典的形式输出"姓名"和"年龄"信息
```

```
        s = {'姓名': i["姓名"], '年龄': i["年龄"]}
        print(s)
        dict_list.append(s)
print('------- 分割线 -------')
print(dict_list)    # 以字典的形式输出 CSV 格式文件
f.close()
```

运行程序后，输出结果如图 6-12 所示。

```
控制台                                                        ×
{'姓名': '李志宇', '年龄': '20'}
{'姓名': '王佳怡', '年龄': '19'}
{'姓名': '李恒涛', '年龄': '21'}
-------分割线-------
[{'姓名': '李志宇', '年龄': '20'}, {'姓名': '王佳怡', '年龄': '19'},
{'姓名': '李恒涛', '年龄': '21'}]
程序运行结束
```

图　6-12

● **备考锦囊**

　　使用 csv 库中的函数对二维数据进行读写操作时，如果以列表的形式进行操作，需要注意列表的有序性，即列表的每个元素与表头之间的关系，避免导致数据与表头不一致等错误；如果以字典的形式进行操作，由于字典的无序性特点，可以不要求与表头的顺序一致，只需要键值对一一对应即可。

（二）CSV 格式文件的写入

1. 以列表的形式写入

　　可以将二维数据以列表的形式写入到 CSV 格式的文件中进行保存。在 csv 库中可以使用 csv.writer() 函数、writerow() 和 writerows() 方法进行写入操作，其具体使用方法如表 6-3 所示。

表　6-3

方法 / 函数名	使　用　方　法
csv.writer(f)	以列表形式写入，表示将对传入的文件（参数 f）进行写入操作
writerow(h)	单行写入表头（参数 h 为表头数据）数据
writerows(lists)	多行写入表格数据（参数 lists 为需要写入的数据）

如示例代码 6-11 所示，利用 Python 程序将表 6-1 中所示的信息以列表形式直接写入 "E:/排球分数成绩 1.csv" 中。

示例代码 6-11

```
import csv
lit1 = [
    ['姓名', '年龄', '身高', '体重', '分数'],
    ['李志宇', 20, 184, 65, 9],
    ['王佳怡', 19, 165, 51, 9.5],
    ['李恒涛', 21, 175, 68, 8.8]
]
f = open('E:/排球分数成绩1.csv', 'w', newline='')
f1 = csv.writer(f)
f1.writerows(lit1)
f.close()
```

运行程序后，输出结果如图 6-13 所示。

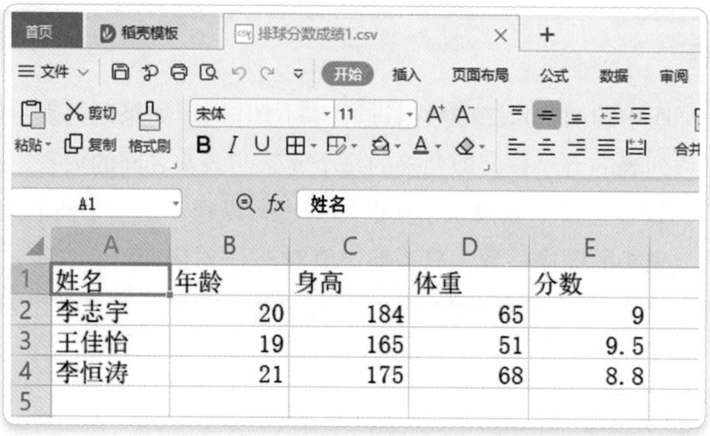

图 6-13

如示例代码 6-12 所示，也可以将表头数据单独拆分后，先单独写入表头数据，再将其他数据写入。

示例代码 6-12

```
import csv
lit1 = [
    ['李志宇', 20, 184, 65, 9],
    ['王佳怡', 19, 165, 51, 9.5],
    ['李恒涛', 21, 175, 68, 8.8]
]
```

```
d_h = ['姓名', '年龄', '身高', '体重', '分数']
with open('E:/排球分数成绩3.csv', 'w', newline='') as f:
    f1 = csv.writer(f)
    f1.writerow(d_h)        #单独写入表头数据
    f1.writerows(lit1)
```

● **备考锦囊**

在使用 open() 函数打开文件进行写入操作时，由于二维数据每行都是一组数据，所以在写入新的一行数据时不需要空行，需要指定参数 newline='"；如果没有指定，那么在写入的每一行后都有空行，如图 6-14 所示。

◢	A	B	C	D	E
1	姓名	年龄	身高	体重	分数
2					
3	李志宇	20	184	65	9
4					
5	王佳怡	19	165	51	9.5
6					
7	李恒涛	21	175	68	8.8

图 6-14

2. 以字典的形式写入

除了以列表形式写入外，还可以使用字典的形式写入，在 csv 库中可以使用 csv.DictWriter() 函数、writeheader() 和 writerows() 方法进行写入操作，其具体使用方法如表 6-4 所示。

表 6-4

方法 / 函数名	使 用 方 法
csv.DictWriter(f,h)	以字典的形式写入，参数 f 表示写入的文件，参数 h 代表表头数据
writeheader()	写入表头数据，不需要单独传入参数
writerows(lists)	多行写入表格数据（参数 lists 为需要写入的数据）

如示例代码 6-13 所示，利用 Python 程序将表 6-1 所示的信息以字典形式直接写入"E:/ 排球 _ 分数 _ 成绩 2.csv"中。

示例代码 6-13

```
import csv
dic1 = [
```

```
    {'姓名': '李志宇', '年龄': 20, '身高': 184, '体重': 65, '分数': 9},
    {'姓名': '王佳怡', '身高': 165, '年龄': 19, '体重': 51, '分数': 9.5},
    {'姓名': '李恒涛', '年龄': 21, '分数': 8.8, '身高': 175, '体重': 68}
]
h1 = ['姓名', '年龄', '身高', '体重', '分数']        # 表头
f = open('E:/排球_分数_成绩2.csv', 'w', newline='')
f_csv = csv.DictWriter(f, h1)
f_csv.writeheader()
f_csv.writerows(dic1)
f.close()
```

运行程序后，输出结果如图 6-15 所示。

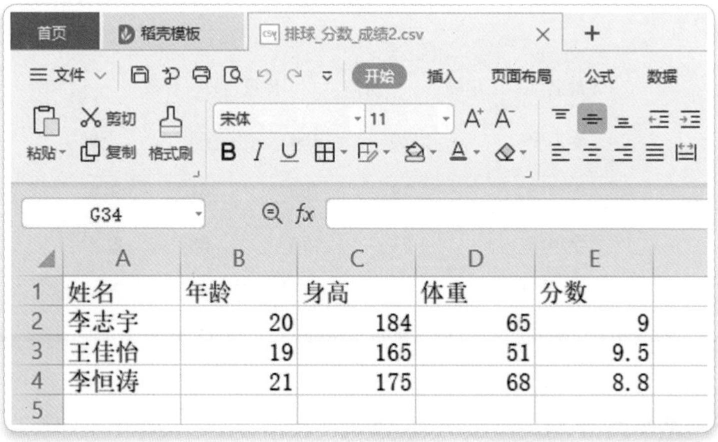

	A	B	C	D	E
1	姓名	年龄	身高	体重	分数
2	李志宇	20	184	65	9
3	王佳怡	19	165	51	9.5
4	李恒涛	21	175	68	8.8
5					

图 6-15

以字典的形式写入时，需要先将表头数据整理出来，并单独写入，因为用字典形式表示时，数据可能是无序的，所以需要用表头来确定数据位置。

考点探秘

考题 1

使用下列程序实现对 CSV 格式文件的处理，则①处应填写（　　）。

```
import csv
h = ['班级','姓名','性别','语文成绩','数学成绩']
r = [[1,'虎虎','男',68,93],
```

```
        [1,'红红','女',98,42],
        [2,'小小','女',98,100],
        [2,'力力','男',15,21]
    ]
with open('test.csv', 'w', newline='')as d:
    d_csv = csv. ___①___ (d)
    d_csv.writerow(h)
    d_csv.writerows(r)
```

A．read   B．reader

C．write   D．writer

※ **核心考点**

考点 3　CSV 格式文件的读写

※ **思路分析**

本题需要考生掌握以列表类型写入 CSV 格式文件的几种函数（方法）。

※ **考题解答**

程序的第 9 行是对传入的参数文件 d 进行操作，所以应为 writer() 函数，故选 D。

※ **举一反三**

使用下列程序实现对 CSV 格式文件的处理，若 CSV 文件内容如图 6-16 所示，则 ① 处应填写（　　）。

```
import csv
headers = ___①___
rows =[
        [1,'xiaoming',male',168,23],
        [1,'xiaohong','female',162,22],
        [2,'xiaozhang','female',163,21],
        [2,'xiaoli','male',158,21]
    ]
with open( 'test.csv', 'w', newline='' )as d:
    d_csv = csv .writer(d)
    d_csv.writerow(headers)
    d_csv.writerows(rows)
```

1	class	name	sex	height	year	
2	1	xiaoming	male	168	23	
3	1	xiaohong	female	162	22	
4	2	xiaozhang	female	163	21	
5	2	xiaoli	male	158	21	
6						

图 6-16

A．['class','name','sex','height','year']　　B．['name','class','sex','height','year']

C．['year','height','sex','name',class']　　D．['name','sex','height','year']

▷ 考题 2

给定一个 CSV 文件，读取 CSV 文件内容，对读取出来的二维数据进行格式化输出。请编写出完整的程序。

CSV 文件内容（样例）如图 6-17 所示。

	A	B	C	D	E
1	年级	姓名	性别	高	年龄
2	1	xiaoming	male	168	23
3	1	xiaohong	female	162	22
4	2	xiaozhang	female	163	21
5	2	xiaoli	male	158	21
6					

图 6-17

输出内容如图 6-18 所示。

```
控制台
年级        姓名            性别            高            年龄
1          xiaoming        male            168          23
1          xiaohong        female          162          22
2          xiaozhang       female          163          21
2          xiaoli          male            158          21
程序运行结束
```

图 6-18

※ 核心考点

考点 2　二维数据的存储和读写

※ 思路分析

先读取 CSV 格式的文件，使用 for 循环来读取文件内容，将数据逐行添加到列表中，再从列表中读取每行的数据，最后以表格的形式打印到控制台。

※ 考题解答

可以直接使用双层嵌套循环遍历进行读取，也可以先遍历文件数据到二维列表，然后再用双循环遍历列表并以表格的形式进行打印，如示例代码 6-14 所示。

示例代码 6-14

```
f = open('test2.csv','r')
ls = []
for line in f:
    ls.append(line.strip('\n').split(','))
for row in ls:
    line = ''
    for item in row:
        line += '{:10}\t'.format(item)
    print(line)
f.close()
```

※ 举一反三

已知 test2.csv 文件内容如图 6-19 所示，运行下列程序，输出结果为（　　）。

	A	B	C	D	E
	年级	姓名	性别	高	年龄
	1	小明	male	168	23
	1	小红	female	162	22
	2	小张	female	163	21
	2	小丽	male	158	21

图 6-19

```
import csv
lst = []
def read_csv_demo2():
    with open('test2.csv','r') as fp:
        reader = csv.DictReader(fp)
        for x in reader:
            value = {'高':x['高'],'姓名':x['姓名']}
            lst.append(value)
        print(lst[2])
read_csv_demo2()
```

A．{' 高 ': '168', ' 姓名 ': ' 小明 '}

B．{' 高 ': '162', ' 姓名 ': ' 小红 '}

C．{' 高 ': '158', ' 姓名 ': ' 小丽 '}

D．{' 高 ': '163', ' 姓名 ': ' 小张 '}

巩固练习

1．下面关于二维数据的说法正确的是（　　）。

　　A．把两个一维数据相加就是二维数据

　　B．二维数据和一维数据一样，都可以存储在 CSV 格式文件中

　　C．二维数据可以使用集合的形式来表示

　　D．二维数据保存后无法进行修改

2．关于二维数据的读写，说法错误的是（　　）。

　　A．二维数据可以以列表的形式被打印，也可以以表格的形式被打印在控制台

　　B．将二维数据以字典或列表形式写入文件时，使用的方法或函数都一样

　　C．二维数据以列表形式写入 CSV 格式文件时，表头可以不单独写入

　　D．二维数据以字典的形式写入时，需要单独写入表头数据，不可以将表头
　　　　进行多行写入。

3．小明最近统计了某些城市的人口和 GDP 总额，统计结果如表 6-5 所示。

表　6-5

城市	人口 / 万	GDP 总额 / 亿元
A	2424	38155
B	2171	35371
C	1302	26927
D	1491	23628
E	3372	23605
F	1073	19235

　　小明现在需要编写一个 Python 程序，将上述信息转换为 CSV 文件内容。请你
帮小明编写出完整的程序。

CSV 文件结果显示如图 6-20 所示。

	A	B	C
1	城市	人口/万	GDP总额/亿元
2	A	2424	38155
3	B	2171	35371
4	C	1302	26927
5	D	1491	23628
6	E	3372	23605
7	F	1073	19235

图 6-20

专题7

高维数据处理

　　一维数据和二维数据都有其独特的表现形式，但无法展示复杂的数据。高维数据则可以展示较为复杂的组织关系，万维网就是高维数据的典型应用。

考查方向

⭐ 能力考评方向

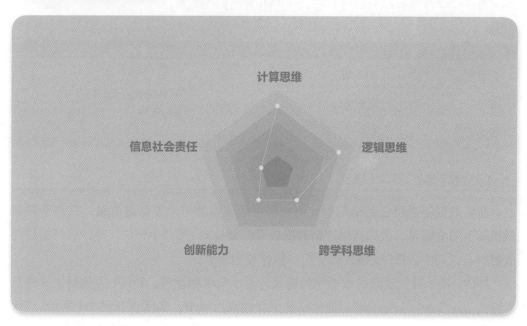

⭐ 知识结构导图

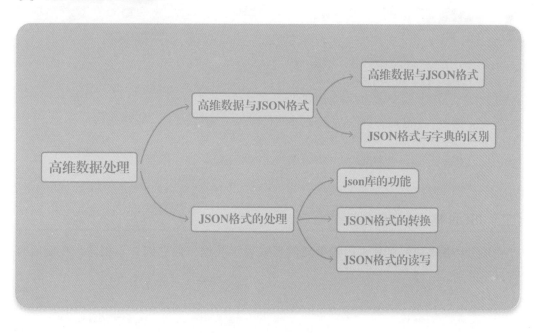

考点清单

 ## 考点1 高维数据与 JSON 格式

考 点 评 估		考 查 要 求
重要程度	★★★☆☆	1. 了解高维数据及其特点；
难度	★★★☆☆	2. 了解 JSON 格式及其特点
考查题型	选择题	

（一）高维数据与 JSON 格式

高维数据不采用任何结构形式，只采用最基本的二元关系键值对。它和字典类似但却不完全相同。表达高维数据的格式有"JSON"和"XML"等，它们都是键值对形式。其中，JSON 格式的使用和操作较为简单。

JSON 是一种轻量级的数据交换格式，易于阅读和理解。JSON 表达键值对的基本格式为："key"："value"，键值对都保存在双引号中。如示例代码 7-1 所示，"饮食计划"数据以 JSON 格式保存。

示例代码 7-1

```
"饮食计划"：[
        {"食物"："面包"，
         "时间"："AM7:00"，
         "地点"："家"}，
        {"食物"："快餐"，
         "时间"："AM12:00"}，
        {"食物"："面条"，
         "时间"："PM5:00"}
        ]
```

（二）JSON 格式与字典的区别

JSON 格式和字典都采用键值对的形式表示数据，但它们并不相同，在使用时有以下区别。

（1）JSON 格式的 key 值只能是字符串，而字典的 key 值可以是任意不可变数据类型，如图 7-1 所示。

```
1   dict1 = {23:'r',"名字":'小明',(2,3,4):24}
2   print(type(dict1))
```
控制台
```
<class 'dict'>
程序运行结束
```

图   7-1

（2）JSON 格式的 key 值可以重复，而字典中的 key 值不可以重复。

（3）JSON 格式的字符串基本都使用双引号，在字典中单引号或双引号都可以。

（4）在 Python 中，JSON 格式表示的信息保存为字符串数据类型；而字典为 Python 的基本数据类型之一。

考点 2 JSON 格式的处理

考点评估		考查要求
重要程度	★★★★★	1．掌握 json 库的 dumps()、dump() 方法；
难度	★★★★☆	2．掌握 json 库的 loads()、load() 方法；
考查题型	选择题	3．了解 JSON 格式与 CSV 格式的转化方法

（一）json 库的功能

json 库是处理 JSON 格式数据的 Python 标准库，主要包含操作类函数和解析类函数两类。操作类函数主要实现 JSON 格式和 Python 数据类型之间的转换；解析类函数主要用于解析键值对内容。

操作函数实现的功能分为两类：编码和解码。编码是将 Python 数据类型变换成 JSON 格式的过程；解码是从 JSON 格式的数据中提取信息保存到 Python 数据类型中的过程。json 库的操作函数如表 7-1 所示。

表   7-1

函 数	描 述
json.dumps(obj, sort_keys=False, indent=None)	将 Python 数据类型转化为 JSON 格式，属于编码过程

续表

函　　数	描　　述
json.loads(s)	将 JSON 格式转换为 Python 数据类型，属于解码过程
json.dump(obj, ft, sort_keys=False, indent=None)	与 json. dumps(obj) 功能一致，输出数据到文件中
json.load(ft)	与 json.loads(s) 功能一致，从文件中读入数据

（二）JSON 格式的转换

json.dumps(obj) 函数中的参数 obj 表示待转换的 Python 列表或者字典。如果传递字典类型的数据，可以将参数 sort_keys 的值设置为 True，按照 key 值进行排序。传递参数 indent 可设置增加的缩进数，不传递该参数时默认不增加缩进。如示例代码 7-2 所示。

示例代码 7-2

```
import json
l1 = ['applc', 'pear', 'banana']
d1 = {'a': '1', 'e': 2, 'c': '3', 'd': 4}
j0 = json.dumps(l1)
j1 = json.dumps(d1)
j2 = json.dumps(d1, sort_keys=True)   # 按照 key 值进行排序
# 按照 key 值进行排序，并增加 3 个字符的缩进
j3 = json.dumps(d1, sort_keys=True, indent=3)
print(j0)
print(j1)
print(j2)
print(j3)
```

运行程序后，输出结果如图 7-2 所示。

```
控制台
["apple", "pear", "banana"]
{"a": "1", "e": 2, "c": "3", "d": 4}
{"a": "1", "c": "3", "d": 4, "e": 2}
{
   "a": "1",
   "c": "3",
   "d": 4,
   "e": 2
}
程序运行结束
```

图　7-2

json.loads(s) 函数中的参数 s 表示待转换的 JSON 格式的字符串，调用该函数会返回一个字典类型的数据，如示例代码 7-3 所示。

示例代码 7-3

```
import json
s1 = """{
    "饮食计划": [
        {"食物": "面包", "时间": "AM7:00", "地点": "家"},
        {"食物": "快餐", "时间": "AM12:00"}
        ]
        }"""
d1 = json.loads(s1)
print(d1)
print(type(d1))
```

运行程序后，输出结果如图 7-3 所示。

控制台　　　　　　　　　　　　　　　　　　　　　　✕
```
{'饮食计划': [{'食物': '面包', '时间': 'AM7:00', '地点': '家'}
, {'食物': '快餐', '时间': 'AM12:00'}]}
<class 'dict'>
程序运行结束
```

图　7-3

（三）JSON 格式的读写

json.dump(obj, ft) 函数的功能与 dumps() 函数基本一致，可以将 Python 数据类型转化为 JSON 格式字符串并保存到文件中，参数 ft 代表要保存的文件对象，如示例代码 7-4 所示。

示例代码 7-4

```
import json
d1 = {'a': '1', 'e': 2, 'c': '3', 'd': 4}
f = open("E:/高维数据处理案例.json","w")  # 文件保存在 E 盘
# 将 Python 数据类型的信息以 JSON 格式保存到文件中
j0 = json.dump(d1, f)
f.close()
```

运行程序后，输出结果如图 7-4 所示。

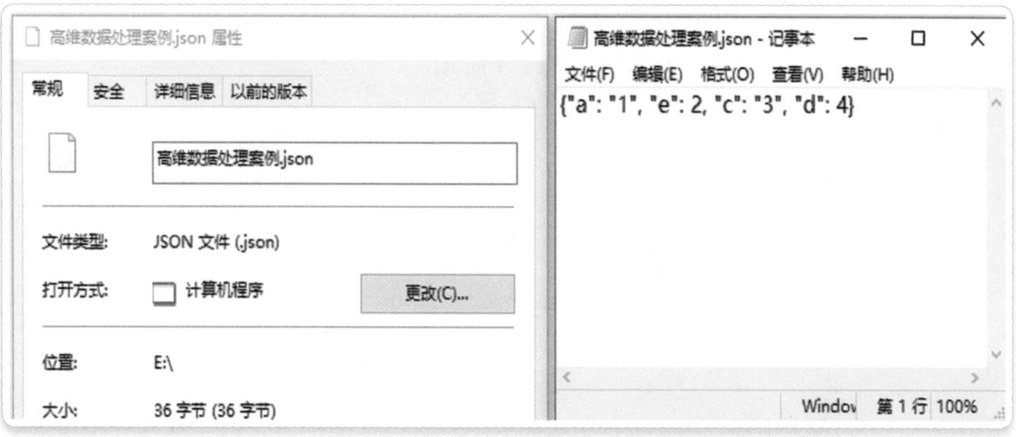

图　7-4

● 备考锦囊

JSON 格式文件可以使用记事本文本文档或者 Word 文档来打开。

json.load(ft) 函数的功能与 loads() 函数基本一致，不同的是它可以从文件 ft 中读入 JSON 格式的信息，如示例代码 7-5 所示。

示例代码 7-5

```
import json
d1 = {'a': '1', 'e': 2, 'c': '3', 'd': 4}
# 读取 JSON 格式文件并解码为 Python 数据类型
f1 = open("E:/ 高维数据处理案例 .json")
l1 = json.load(f1)
print(l1)
f1.close()
```

运行程序后，输出结果如图 7-5 所示。

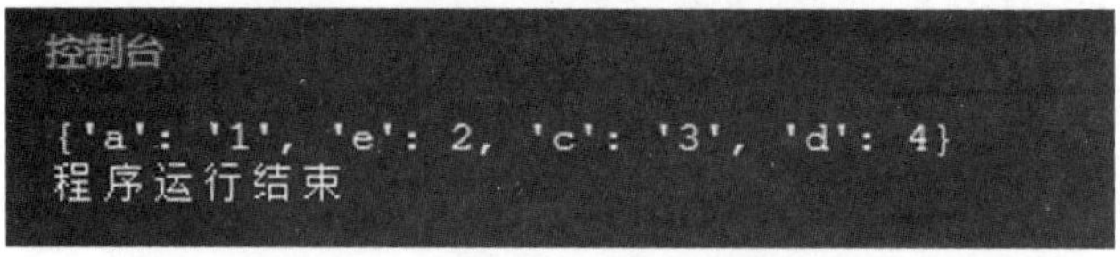

图　7-5

考点探秘

考题

运行下列程序，输出结果为（　　）。

```
import json
data =[{'菜名': '酸辣土豆丝', '价格': 18},
       {'菜名': '清蒸鲈鱼', '价格': 58},
       {'菜名': '豉汁凤爪', '价格': 38},
       {'菜名': '羊汤烩面', '价格': 16}]
Str = json.dumps(data)
Obj = json.loads(Str)
for i in Obj[3].values():
    print(i)
```

A．酸辣土豆丝 　　　 B．清蒸鲈鱼 　　　 C．豉汁凤爪 　　　 D．羊汤烩面

　　18 　　　　　　　　　58 　　　　　　　　38 　　　　　　　　16

※ **核心考点**

考点 2　JSON 格式的处理

※ **思路分析**

本题需要考生掌握 json 库函数的使用和理解。

※ **考题解答**

程序先使用 dumps() 函数将 Python 数据转化为 JSON 格式，再使用 loads() 函数转化为 Python 数据字典类型，最后根据下标打印字典的值。故选 D。

※ **举一反三**

小明要将字典的内容转换为 JSON 格式字符串，编写的程序如下，若实现上述功能，则①处应填写的是（　　）。

```
import json
dict_1 = {'name': 'Bob',
    'age': 12,
```

```
    'children': None
    }
person_json = json.___①___(dict_1)
print(person_json)
```

A. load   B. loads   C. dump   D. dumps

巩固练习

1. JSON 格式能对高维数据进行存储和表达。当有多个键值对放在一起时，下列不符合 JSON 格式要求的是（　　）。

    A．数据保存在键中

    B．键值对之间用逗号隔开

    C．大括号用于保存键值对数据组成的对象

    D．方括号用于保存键值对数据组成的数组

2. 运行下列程序，输出结果为（　　）。

```
import json
json_info = '{"age": "12"}'
dict1 = json.loads(json_info)
print(type(dict1))
```

    A. <class 'str'>　　B. <class 'dict'>　　C. <class 'list'>　　D. <class 'int'>

3. 运行下列程序，输出结果为（　　）。

```
import json
data = [{'name': ' 张三 ', 'age': 25},
        {'name': ' 李四 ', 'age': 26},
        {'name': ' 王五 ', 'age': 62},
        {'name': ' 赵六 ', 'age': 78}]
Str = json.dumps(data)
Obj = json.loads(Str)
print(Obj[1])
```

    A. {'name': ' 张三 ', 'age': 25}　　　　B. {'name': ' 李四 ', 'age': 26}

    C. {'name': ' 王五 ', 'age': 62}　　　　D. {'name': ' 赵六 ', 'age': 78}

专题8

文 本 处 理

　　文本信息是计算机程序处理最多的一种数据，在使用 Python 编程时需要对字符串进行各种处理和操作，例如，判断一个字符串是否为合法的 E-mail 地址，筛选文本中所有的英文单词等。本专题将介绍处理文本信息的法宝——正则表达式，以及 Python 中的常用工具库——re 库。

考查方向

专题 8

⭐ 能力考评方向

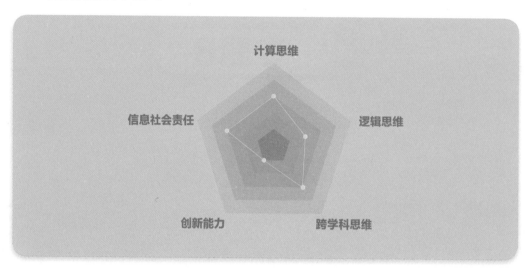

⭐ 知识结构导图

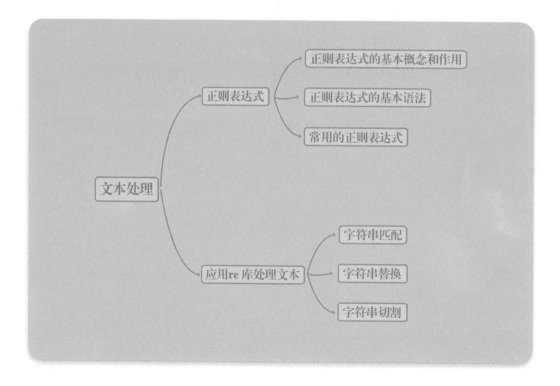

考点 I 正则表达式

考 点 评 估		考 查 要 求
重要程度	★★★★☆	1．了解正则表达式的概念,并理解它的作用；
难度	★★★☆☆	2．掌握正则表达式的语法及常见的特殊字符和限定符的含义；
考查题型	选择题、操作题	3．理解常用的正则表达式

（一）正则表达式的基本概念和作用

正则表达式是一个特殊的字符序列，用以描述符合某个规则的一系列字符串。例如，正则表达式 '\d{3}' 表示 3 个数字，'010'、'123'、'678' 均可以与它匹配，而 'A18'、' 小西瓜 ' 则无法与之匹配。

基于正则表达式的特点，在文本处理中可以用它搜索一段文本信息中是否包含某类字符串、从一个字符串中提取符合条件的子串，将匹配的字符串替换为其他信息等。例如，将一篇英语作文中的所有“car”替换为“bus”，而不改变包含字符串 'car' 的其他单词（如 scar、carry 和 incarcerate 等）。

（二）正则表达式的基本语法

正则表达式一般由普通字符、特殊字符和限定符组成。

（1）普通字符

普通字符包括所有字母（区分大小写）、数字、标点符号以及一些其他符号。例如，正则表达式 'car' 匹配字符串 'car'。

没有指定为特殊字符的字符均为普通字符，根据是否可打印分为可打印字符与非打印字符，表 8-1 列出了正则表达式中常见的非打印字符。

表 8-1

字 符	作 用
\n	匹配换行符
\r	匹配回车符

续表

字　符	作　　用
\s	匹配任何空白字符，包括空格、换行符、回车符等
\S	匹配任何非空白字符
\d	匹配数字字符
\D	匹配非数字字符
\w	匹配包括下画线的任何单词字符，也就是字母、数字以及下画线
\W	匹配任何非单词字符

（2）特殊字符（又称"元字符"）

顾名思义，特殊字符除了它本身的含义外，还可以表示其他特殊含义；也就是说，它会影响附近正则表达式表示的含义，例如，特殊字符"^"在正则表达式 '^\d' 中表示与它匹配的字符串必须以数字开头，表 8-2 列出了常见的特殊字符。

表　8-2

字　符	作　　用
.	匹配除了换行符以外的任意字符，例如 'py.' 可以匹配 'pyc'、'py?'、'pyp' 等
^	匹配字符串的开始位置，例如 '^\d' 表示必须以数字开头。在方括号表达式中使用时，表示不接受该方括号表达式中的字符集合，例如 [^a-z] 匹配不包括小写字母的字符
$	匹配字符串的结尾位置，例如 '\D$' 表示必须以非数字字符结尾
*	匹配前面的表达式 0 次或多次，例如 'ab*' 可以匹配 'a'、'ab' 和 'abb' 等 'a' 后跟随任意个 b 的字符串
+	匹配前面的表达式 1 次或多次，例如 'ab+' 会匹配 'ab'、'abb' 等 'a' 后跟随 1 个及以上 b 的字符串，但不会匹配 'a'
?	匹配前面的表达式 0 次或 1 次，例如 'ab?' 可以匹配 'a' 或者 'ab'
\	转义符，将其后的字符标记为特殊字符或原义字符，例如 '\n' 匹配换行符而不是字母 n
[ ]	表示一个字符集合，字符可以单独列出，也可以列出字符范围。例如 [abc] 匹配 'a'、'b' 或 'c'；[a-z] 将匹配任何小写字母，[0-5][0-9] 将匹配 00 ～ 59 的两位数字
		指从前后两项之间选择一个，例如 'A|B' 可以匹配 'A' 或者 'B'
( )	标记一个子表达式的开始和结束，例如 '(p|P)ython' 匹配 'python' 或 'Python'

专题
8

● **备考锦囊**

如果要在正则表达式中表示特殊字符本身的含义，需要在其前方添加转义符"\"。例如，对于 '^'，要匹配 "^" 本身，需要使用 '\^'。

（3）限定符

限定符用来说明正则表达式中的一部分出现的次数，表 8-3 所示列出了常见的限定符。

表 8-3

字 符	描 述 作 用
*	作用如表 8-2 所述
+	作用如表 8-2 所述
?	作用如表 8-2 所述
{m}	匹配前面的表达式 m 次，例如，'\S{5}' 表示匹配 5 个任意非空白字符
{m,n}	匹配前面的表达式 m 到 n 次，并取尽可能多的次数，例如，'o{1,3}' 将匹配 'woooooowh' 中前 3 个 o；省略 m，意味着匹配下限为 0；省略 n，意味着无上限，例如，'a{4,}b' 将匹配 'aaaab' 或者 1000 个 a 尾随一个 b
{m,n} ?	匹配前面的表达式 m 到 n 次，并取尽可能少的次数，例如，对于字符串 'aaaaaa'，正则表达式 'a{3,5}?' 只匹配 3 个 a

（三）常用的正则表达式

校验用户名是否符合规范，邮件地址是否正确，判断密码的安全性高低等都可以利用正则表达式，表 8-4 列出了常用的正则表达式。

表 8-4

正则表达式	描 述 作 用
^\d{n}$	n 位数字
^[A-Za-z]+$	由 26 个英文字母组成的字符串
^\w+$	由数字、字母或下画线组成的字符串
^[\u4e00-\u9fa5]*$	由汉字组成的字符串
^(0?[1-9]|1[0-2])$	一年的 12 个月，也就是 01 ~ 09 和 10 ~ 12，或者 1 ~ 9 和 10 ~ 12
^[A-Za-z]\w{5,17}$	以字母开头，长度在 6 ~ 18 位之间的字符串，只能包含字母、数字和下画线

考点2 应用 re 库处理文本

考点评估		考查要求
重要程度	★★★★★	1. 掌握字符串匹配的方法，能够根据不同需要选择适合的匹配方式进行文本查找；
难度	★★★★☆	2. 掌握字符串替换的方法，能够使用 re.sub() 替换字符串；
考查题型	选择题、操作题	3. 掌握字符串切割的方法，能够使用 re.split() 对字符串进行切分

re 库是 Python 的标准库，它使 Python 能够应用正则表达式对文本信息进行处理。文本处理最常见的操作包括字符串匹配、替换和切割。

（一）字符串匹配

1. 常见匹配函数

（1）match()

应用 match() 方法可以判断正则表达式与字符串是否匹配，它接收两个默认参数：第一个参数表示正则表达式，第二个参数表示待判断的字符串。如果字符串开始的若干个字符与正则表达式匹配，则返回相应的匹配对象；否则返回 None。由于正则表达式常常包含反斜杠 '\'，传递正则表达式时最好使用字母"r"标记它为原始字符串。如示例代码 8-1 所示。

示例代码 8-1

```
import re
dn = r'\d{3}'    #描述三个数字字符的正则表达式
a = re.match(dn, '123 木头人 ')    #字符串开始即为 3 个数字
b = re.match(dn, '木头人 123')    #字符串的 3 个数字前有其他字符
print(a)
print(b)
```

运行程序后，输出结果如图 8-1 所示。

```
控制台

<_sre.SRE_Match object; span=(0, 3), match='123'>
None
程序运行结束
```

图 8-1

　　匹配对象总是对应布尔值 True，因此可以使用 if 语句判断是否匹配。如示例代码 8-2 所示，可以利用 match() 方法判断输入的用户名是否合法：用户名只能包含字母、数字和下画线。

示例代码 8-2

```
import re
test = input('请输入用户名：')
if re.match(r'^\w+$', test): #整个字符串是否只含有单词字符
    print('ok')
else:
    print('failed')
```

运行程序后，若输入 "admin_001"，输出结果如图 8-2 所示。

```
控制台
请输入用户名：admin_001
ok
程序运行结束
```

图　8-2

（2）search()

　　search() 方法同样接收两个默认参数，第一个参数为正则表达式，第二个参数为待检测字符串；它扫描第二个参数，如果字符串中含有满足正则表达式的字符序列，则返回第一个成功匹配的对象；否则返回 None，如示例代码 8-3 所示。

示例代码 8-3

```
import re
s = '我的英文名字是Tina，你的英文名字是Tom'
m = re.search(r'[A-Za-z]+', s)   #检索 s 中是否存在英文单词
n = re.search(r'\d{1,}', s)   #检索 s 中是否存在数字
print(m)
print(n)
```

运行程序后，输出结果如图 8-3 所示。

```
控制台
<_sre.SRE_Match object; span=(7, 11), match='Tina'>
None
程序运行结束
```

图　8-3

● 备考锦囊

match() 和 search() 的区别如下。

（1）match() 检测字符串的开始位置是否与正则表达式匹配；search() 则检查整个字符串，直到找到匹配对象。

（2）使用含有特殊字符 '^' 的正则表达式，可限制 search() 从字符串首位开始匹配。

如示例代码 8-4 所示，第 3 行代码和第 4 行代码的作用相同，均检测字符串是否以英文单词开始；第 5 行代码检测字符串中是否存在英文单词。

示例代码 8-4

```
import re
s = '苹果 apple'
l = re.match(r'[A-Za-z]+', s)    #检测 s 是否以英文字母开始
m = re.search(r'^[A-Za-z]+', s)    #检测 s 是否以英文字母开始
n = re.search(r'[A-Za-z]+', s)    #检测 s 中是否存在英文单词
print(l)
print(m)
print(n)
```

运行程序后，输出结果如图 8-4 所示。

```
控制台
None
None
<_sre.SRE_Match object; span=(3, 8), match='apple'>
程序运行结束
```

图　8-4

（3）group() 和 groups()

判断字符串是否匹配后，对匹配对象调用 group() 方法，可获取匹配的字符串。如果不传递参数，group() 方法会返回整个字符串；如果传递数字参数，则返回匹配字符串与正则表达式的对应分组，如示例代码 8-5 所示。

示例代码 8-5

```
import re
s = "Stephen William Hawking, physicist"
```

```
m = re.match(r"(\w+) (\w+) (\w+)", s) # 正则表达式以 () 为界分 3 组，每组
                                        为 1 个单词

print(m.group())    # 返回整个字符串
print(m.group(1))   # 返回第 1 组
print(m.group(2,3)) # 返回第 2、3 组
```

运行程序后，输出结果如图 8-5 所示。

```
控制台

Stephen William Hawking
Stephen
('William', 'Hawking')
程序运行结束
```

图　8-5

groups() 以元组形式返回匹配字符串的所有分组。如示例代码 8-6 所示，正则表达式描述了一个由 3 个英文单词组成的字符串，并且第 1 个单词与第 3 个单词用"()"分别设置为第 1 分组与第 2 分组。

示例代码 8-6

```
import re
a = '物理学家霍金的全名是 Stephen William Hawking'
m = re.search(r'([A-Za-z]+) [A-Za-z]+ ([A-Za-z]+)', a)
print(m.group())    # 获取匹配的完整字符串
print(m.groups())   # 获取匹配字符串的所有分组
print(m.group(1))   # 获取第 1 分组
```

运行程序后，输出结果如图 8-6 所示。

```
控制台

Stephen William Hawking
('Stephen', 'Hawking')
Stephen
程序运行结束
```

图　8-6

● 备考锦囊

　　接收数字参数的 group() 和 groups() 获取的字符串与正则表达式中特殊字符 '()' 标记的正则表达式相匹配。

（4）findall()

不论是匹配字符串开始位置的 match()，还是扫描整个字符串的 search()，它们都只能匹配一次，如果待检测字符串中有 2 个及以上的部分符合正则表达式的要求，它们就显得力不从心了。findall() 扫描整个字符串，找出与正则表达式匹配的所有子串，并以列表的形式返回；如果没有匹配的字符串，则返回空列表。如示例代码 8-7 所示，正则表达式 '\d+' 描述数字，number 为字符串中所有出现的数字。

示例代码 8-7

```
import re
s = '''根据年度人口抽样调查推算数据显示，
2019 年，中国总人口数约为 140005 万人，
其中男性约 71527 万人，女性约 68478 万人 '''
number = re.findall(r'\d+', s)
print(number)
```

运行程序后，输出结果如图 8-7 所示。

```
控制台
['2019', '140005', '71527', '68478']
程序运行结束
```

图　8-7

2．常见匹配方式

match()、search() 和 findall() 都可以通过传递参数 flags 来设置字符串与正则表达式的匹配方式，比如是否区分大小写等，表 8-5 列出了常见的匹配方式。

表　8-5

匹配方式	描　　述
re.I	匹配时忽略大小写，例如 [A-Z] 也会匹配小写字母
re.M	多行匹配（影响 '^' 和 '$' 的使用）；使用 '^' 或 '$' 时，对每行的字符串都进行匹配
re.S	此方式下，'.' 对换行符也进行匹配

如示例代码 8-8 所示，第 3 行代码查找只由大写字母组成的单词，第 4 行代码则不区别大小写。

示例代码 8-8

```
import re
s = 'Practice and Progress'
w1 = re.findall(r'[A-Z]+', s)
```

```
w2  = re.findall(r'[A-Z]+', s, flags = re.I)
print(w1)
print(w2)
```

运行程序后，输出结果如图 8-8 所示。

```
控制台
['P', 'P']
['Practice', 'and', 'Progress']
程序运行结束
```

图 8-8

如示例代码 8-9 所示，第 7 行代码对多行字符串 s 的每一行都进行查找。

示例代码 8-9

```
import re
s = '''appear   v. 登场，扮演
stage   n. 舞台
bright   adj. 鲜艳的
stocking   n.（女用）长筒袜'''
w1 = re.findall(r'^\w+', s)
w2 = re.findall(r'^\w+', s, flags=re.M)
print(w1)
print(w2)
```

运行程序后，输出结果如图 8-9 所示。

```
控制台
['appear']
['appear', 'stage', 'bright', 'stocking']
程序运行结束
```

图 8-9

如示例代码 8-10 所示，第 2 行代码中特殊字符 '.' 不匹配换行符，第 3 行代码设置匹配方式为 re.S 后，'.' 匹配换行符。

示例代码 8-10

```
import re
r1 = re.findall('^H.*', 'Hello\nWorld')
r2 = re.findall('^H.*', 'Hello\nWorld', flags=re.S)
print(r1)
print(r2)
```

运行程序后，输出结果如图 8-10 所示。

```
控制台

['Hello']
['Hello\nWorld']
程序运行结束
```

图 8-10

（二）字符串替换

re 库中的 sub() 方法用于替换字符串中的匹配项，它的使用语法为"re.sub (pattern, repl, string, count=0, flags=0)"，各参数表示的含义如表 8-6 所示。sub( ) 方法的使用如示例代码 8-11 所示。

表 8-6

参　数	描　述
pattern	正则表达式，用于查找匹配项
repl	待替换字符串
string	待匹配的原始字符串
count	替换的次数，不传递此参数时默认值为 0，也就是替换所有匹配
flags	匹配方式，常见的方式有 re.I、re.M、re.S 等

示例代码 8-11

```python
import re
date = "2020-12-23 #这是一个日期"
#删除注释
t1 = re.sub(r'#.*$', "", date)
print("日期：", t1)
#移除非数字的内容
t2 = re.sub(r'\D', "", date)
print("日期：", t2)
```

运行程序后，输出结果如图 8-11 所示。

```
控制台

日期： 2020-12-23
日期： 20201223
程序运行结束
```

图 8-11

（三）字符串切割

re 库中的 split() 方法按照匹配的子串，将字符串进行分割后，返回一个字符串列表。它接收两个默认参数，第 1 个参数表示正则表达式，第 2 个参数表示待匹配字符串；传递参数 flags 设置匹配方式；传递参数 maxsplit 设置分割次数，不传递该参数时默认不限制分割次数。如示例代码 8-12 所示。

示例代码 8-12

```
import re
sub = re.split(r'\W+','www.codemao.com')
sub2 = re.split(r'\W+','www.codemao.com',maxsplit = 1)
print(sub)
print(sub2)
```

运行程序后，输出结果如图 8-12 所示。

```
控制台
['www', 'codemao', 'com']
['www', 'codemao.com']
程序运行结束
```

图　8-12

● **备考锦囊**

re.compile() 能够将正则表达式样式的字符串转换成正则表达式对象，该对象可以传递给 match()、search()、sub() 和 findall() 等函数使用。如果某个正则表达式需要被多次使用，使用 re.compile() 保存正则表达式对象以便复用，可以让程序更加高效，如示例代码 8-13 所示。

示例代码 8-13

```
import re
prog = re.compile('[^a-zA-z]')
sentence = 'Love me, love my dog.爱屋及乌 '
result = re.findall(prog, sentence)
print(result)
```

运行程序后，输出结果如图 8-13 所示。

```
控制台
[' ', '，', ' ', ' ', ' ', '。', '爱', '屋', '及', '乌']
程序运行结束
```

图 8-13

考点探秘

考题 1

下列（　　）项正则表达式匹配以 5 位数字结尾的字符串。

A．^\d+

B．^\d{5}

C．\d{5}$

D．^\d{5}$

※ **核心考点**

考点 1　正则表达式

※ **思路分析**

本题考查正则表达式中的基本语法。

※ **考题解答**

'\d' 匹配数字字符，限定符 '{5}' 表示匹配前面的表达式 5 次；特殊字符 '^' 表示匹配字符串的开始位置，'$' 表示匹配字符串的结束位置。选项 A 描述了至少以 1 个数字开头的字符串，选项 B 描述了以 5 个数字开头的字符串，选项 C 描述了以 5 个数字结尾的字符串，选项 D 描述了 5 个数字的字符串，故选 C。

※ **举一反三**

下列（　　）项正则表达式描述了密码字符串，也就是以字母开头、长度在 6 ~ 18 位之间的字符串。

A．\w+{6,18}

B．\D+{6,18}

C．^[A-Za-z]\w{6,18}$

D．^[A-Za-z]\w{5,17}$

考题 2

运行下列程序，输出结果为（   ）。

```
import re
a = 'Twinkle, Twinkle, Little Star.一闪，一闪，小星星'
m = re.findall(r'[A-Z]{6,}', a, flags = re.I)
print(m)
```

A．'Twinkle'

B．['Twinkle', 'Twinkle', 'Little']

C．['Twinkle', 'Twinkle', 'Little', 'Star']

D．[ ]

※ **核心考点**

考点 2 应用 re 库处理文本

※ **思路分析**

本题考查应用 re 库进行字符串匹配。

※ **考题解答**

findall() 扫描整个字符串，找出与正则表达式匹配的所有子串，并以列表的形式返回；flags 参数设置为 re.I 时，匹配忽略大小写，因此在本题中正则表达式 '[A-Z]{6,}' 描述 6 个字母以上的英文字符串，故选 B。

※ **举一反三**

运行下列程序，输出结果为（   ）。

```
import re
s = '''北京 010
上海 021
天津 022
张家口 0313'''
m = re.search(r'\d{3,}$', s, flags = re.M)
print(m.group())
```

A．['010', '021', '022']　　　　　B．['010', '021', '022', '0313']

C．010　　　　　　　　　　　　　D．0313

考题 3

运行下列程序，输出结果为（　　）。

```
import re
s = 'Wooow, you are so cute!'
t = re.split(r'\W{2}', s)
print(t)
```

A．['Wooow', 'you are so cute!']

B．['Wooow', 'you', 'are', 'so', 'cute', '']

C．['Wooow', '', 'you', 'are', 'so', 'cute', '']

D．None

※ **核心考点**

考点 2　应用 re 库处理文本

※ **思路分析**

本题考查字符串切割的常用方法 split()。

※ **考题解答**

re 库中的 split() 方法按照匹配的子串，将字符串进行分割后返回一个字符串列表。正则表达式 '\W{2}' 描述了由 2 个非单词字符组成的字符串，变量 s 中符合条件的子串为 ', '，也就是逗号和其后的空格，故选 A。若正则表达式为 '\W'，则返回的列表为选项 B；若正则表达式为 '\W+'，则返回的列表为选项 C。

巩固练习

1．下列描述正确的是（　　）。

A．非打印字符 '\D' 匹配任何非单词字符

B．re.group() 以元组形式返回匹配字符串的所有分组

C. 特殊字符 '?' 表示匹配前面的表达式 1 次或多次

D. re.match() 检测字符串的开始位置是否与正则表达式匹配；re.search() 则检查整个字符串，直到找到匹配对象

2．运行下列程序，输出结果为（　　）。

```
import re
s = '2020-12-21 20:00:13 Boom'
s_r = re.sub(r'\W','|', s, count = 3)
print(s_r)
```

    A．2020|12|21|20:00:13 Boom

    B．2020|12|21|20|00|13|Boom

    C．2020|12|21|20|00|13 Boom

    D．2020-12-21 20:00:13 Boom

3．文本文件 "Midautumn.txt" 保存了《水调歌头·明月几时有》的英文翻译。阅读下列程序，程序的输出结果表示的含义是（　　）。

```
import re
f = open('Midautumn.txt', 'r').read()  # 文件里是一首英文诗
words = re.findall(r'\w*[aeiou]\s', f, flags=re.I)
num = len(words)
print(num)
```

    A．输出了一个列表，表示英文诗中的所有单词

    B．输出了一个数字，表示英文诗中所有单词的数量

    C．输出了一个数字，表示英文诗中所有以元音字母为首的单词的数量

    D．输出了一个数字，表示英文诗中所有以元音字母为结尾的单词的数量

专题9

数据爬取

随着信息技术的快速发展，网络上时刻产生着大量数据，万维网成了这些信息的载体。如何有效处理和利用这些数据是一个挑战，从网络上下载数据，数据量有限且速度慢、效率低，此时"网络爬虫"成为获取网络数据的理想方式，"网络爬虫"可以通过网络链接快速获取网页内容，好比蜘蛛通过蜘蛛网获取猎物一般。本专题将探索数据爬取这一高效便捷的方式。

考查方向

★ 能力考评方向

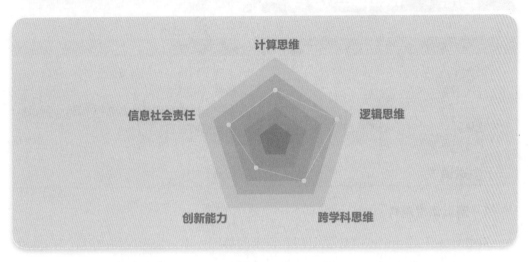

★ 知识结构导图

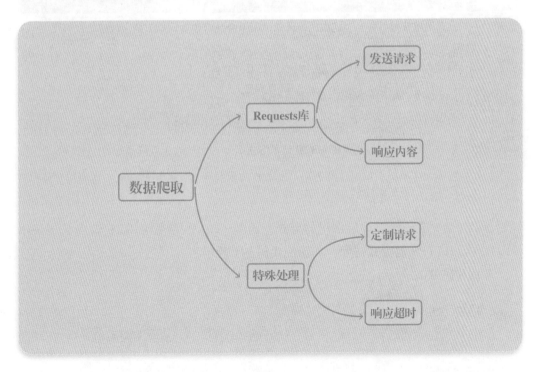

考点清单

 考点1 Requests 库

考点评估		考查要求
重要程度	★★★☆☆	1. 了解"网络爬虫"的概念和作用，掌握发送请求的基本方法； 2. 掌握响应内容的属性和处理方法，理解数据爬取的过程
难度	★★★☆☆	
考查题型	选择题、操作题	

（一）发送请求

1. 网页请求函数

Requests 库是一个可以处理 HTTP 请求的第三方库，使用时要先导入 Requests 模块。在 Requests 库中，常用的网页请求函数有 6 个，如表 9-1 所示。

表 9-1

函数	说明
get()	发送请求获得服务器上的资源，请求体中不会包含请求数据，请求数据放在协议头中
post()	向服务器提交资源让服务器处理，比如提交表单、上传文件等，可能会建立新的资源或者对原有资源进行修改。提交的资源放在请求体中
delete()	请求服务器删除某资源，具有破坏性，可能被防火墙拦截
head()	本质和 get() 一样，但是响应中没有呈现数据，而是 HTTP 的头部信息
options()	获取 HTTP 服务器支持的 HTTP 请求方法，允许客户端查看服务器的性能
put()	和 post() 类似，但不支持表单；发送资源给服务器，并存储在服务器的指定位置，要求客户端事先知道该位置

函数 get() 是获取网页最常用的方式，函数 get() 的参数 URL 超链接必须采用 HTTP 或者 HTTPS 的方式访问，如示例代码 9-1 所示。

示例代码 9-1

```
import requests
r = requests.get("https://www.baidu.com")
```

● 备考锦囊

爬虫采集的是网页上的信息，网页有如下三个特点。

（1）网页有自己的 URL（统一资源定位符），表示网页在互联网上的位置，也就是网址。

（2）网页使用 HTTP（超文本传输协议）传输网页数据，HTTP 是互联网上应用最为广泛的一种网络协议。HTTP 传输的数据未经过加密，因此传输隐私信息非常不安全。HTTPS（超文本传输安全协议）在 HTTP 的基础上加入了 SSL 协议，SSL 依靠证书来验证服务器的身份，为浏览器和服务器之间的通信加密，比 HTTP 更安全。

（3）网页使用 HTML（超文本标记语言）描述网页信息。HTML 不是编程语言，而是一种标记语言，可以制作网页。它的结构包括"头"部分和"主体"部分，"头"部分提供关于网页的信息，"主体"部分提供网页的具体内容。

使用爬虫获取资源，需要定位该资源在网络上的位置，也就是需要找到对应的 URL，想要找对应的 URL，就要分析 HTML 网页的源代码，最后发送 HTTP 请求，获取响应数据。

2. 传递 URL 参数

当向 URL 发送请求时，可以使用参数，URL 的参数以问号 (?) 开始并采用 name=value 的格式。例如，在 https://www.baidu.com 后面加上参数，参数的值是 key1=value1，则书写为 https://www.baidu.com?key1=value1。如果存在多个 URL 参数，参数之间用 & 隔开。参数的作用是提供网页内的参数，让服务器返回正确的响应。

例如浏览购物网站，当买家单击搜索按钮时，往往附带一些需要查找的信息，如查找商品的名称、属性等，这类数据都可以通过参数的形式发送到服务器。

当需要为 URL 传递数据时，Requests 库可以使用 params 关键字参数，以字典的方式来传递参数，字典里的键若为 None 则不会被添加到 URL 中。如示例代码 9-2 所示，传递 key1 = value1 和 key2 = value2 到 https://www.baidu.com。

示例代码 9-2

```
import requests
pld = {'key1': 'value1', 'key2': 'value2'}
r = requests.get("https://www.baidu.com", params=pld)
print(r.url)
```

运行程序后，输出结果如图 9-1 所示。

```
控制台

https://www.baidu.com/?key1=value1&key2=value2
程序运行结束
```

图　9-1

（二）响应内容

1. response 对象的属性

通过 requests.get() 方法发送请求后，返回的网页内容会保存为一个 response 对象，表示响应内容。response 对象具有 4 个属性，如表 9-2 所示。

表　9-2

属　性	说　明
status_code	HTTP 请求的返回状态，200 表示连接成功，404 表示连接失败
text	HTTP 响应内容的字符串形式，即 URL 对应的页面内容
encoding	HTTP 响应内容的编码方式
content	HTTP 响应内容的二进制形式

Requests 库会自动解析来自服务器的内容，可以通过属性查看请求的返回状态、使用的编码方式以及响应的内容。如示例代码 9-3 所示，百度页面的编码方式为"ISO-8859-1"，中文会呈现乱码形式，可以通过 r.encoding 将它的编码方式更改为"utf-8"，Requests 库将会使用更改后的编码方式正常显示中文字符。

示例代码 9-3

```python
import requests
r = requests.get("https://www.baidu.com/")
print(r.status_code)
print(r.encoding)
r.encoding = "utf-8"
print(r.encoding)
print(r.text)
```

运行程序后，部分输出结果如图 9-2 所示。

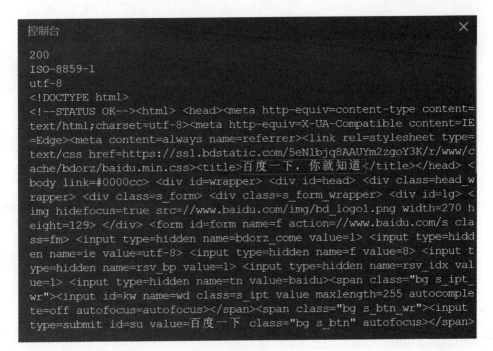

图 9-2

2. response 对象的方法

除了 response 对象的各种属性，response 对象还可以调用一些方法，如表 9-3 所示。

表 9-3

方　　法	说　　明
json()	如果 HTTP 的响应内容包含 JSON 格式数据，则解析 JSON 数据
raise_for_status()	如果不是 200，则会产生异常

Requests 库中有内置的 JSON 解码器，可以处理 JSON 数据，使用 json() 方法即可，如示例代码 9-4 所示。

示例代码 9-4

```
import requests
r = requests.get("https://api.github.com/events")
print(r.json())
```

raise_for_status() 方法在不能成功响应时（即返回请求状态 staus_code 不是 200 时）产生异常。例如遇到网络问题无法连接，会产生 ConnectionError 异常；遇到无效的 HTTP 响应(即返回不成功的状态码)，会产生 HTTPError 异常；请求URL超时，会产生 Timeout 异常；请求超过设定的最大重定向次数，会产生 TooManyRedirects 异常等。

如示例代码 9-5 所示，可以利用 try...except 处理可能产生的异常情况。

示例代码 9-5

```
import requests
try:
    r = requests.get("https://www.baidu.com",timeout = 2)
    r.raise_for_status()        #如果状态码不是200，则会产生异常
    r.encoding = "uft-8"
    print(r.text)
except:
    print(" 请检查 ")
```

考点 2 　特殊处理

考 点 评 估		考 查 要 求
重要程度	★★★☆☆	1．掌握爬虫的请求方式，能根据个性化需求定制请求；
难度	★★★★☆	2．了解响应的异常处理操作，包括响应超时、返回码错误及其他异常
考查题型	选择题、操作题	

（一）定制请求

1．header

HTTP 的 header 也被称为请求头，是包含一系列客户端信息的数据区块，例如当前浏览器的使用语言、编码、用户相关信息 cookie（类似于用户登录验证，可以避免用户再次请求时，需要再次输入账户和密码）等信息。

发送请求时，可以通过 headers 参数添加 HTTP 头部（header），以字典的形式将数据传递给 headers 参数。requests 库不会基于定制 header 的具体情况而改变操作，但是在最后的请求中，所有的 header 信息都会被传递，如示例代码 9-6 所示。

示例代码 9-6

```
import requests
url = 'https://api.github.com/some/endpoint'
headers = {'user-agent': 'my-app/0.0.1'}
r = requests.get(url, headers=headers)
```

2. cookie

cookie 是网站为了辨别用户身份，进行跟踪而存储在用户本地终端上的数据，是小型的文本文件。例如，网站会为每一个访问者产生一个唯一的身份标识，然后以 cookie 文件的形式保存在用户的设备上。当再次请求时，网站只要验证 cookie 在有效期且已经颁发过的，就代表该用户在一定时间内可以保持连接状态，而无须重复登录。

使用 cookie 参数可以发送 cookies 到服务器，如示例代码 9-7 所示。

示例代码 9-7

```
import requests
c = {"cookies_are":"study"}
r = requests.get("http://httpbin.org/cookies", cookies=c)
print(r.text)
```

运行程序后，输出结果如图 9-3 所示。

```
控制台

{
  "cookies": {
    "cookies_are": "study"
  }
}

程序运行结束
```

图　9-3

3. data

当在发送请求的过程中需要上传数据时，例如上传 CSV 数据文件或 IMG 图片文件，如果文件特别小，可以使用 data 参数传输数据。

使用 data 参数可以发送表单形式的数据，在发送 post 请求时，字典数据会自动编码为表单形式，如示例代码 9-8 所示。

示例代码 9-8

```
import requests
pld = {'key1': 'value1', 'key2': 'value2'}
r = requests.post("http://httpbin.org/post", data=pld)
print(r.text)
```

运行程序后，输出结果如图 9-4 所示。

```
控制台                                                    ✕
{
  "args": {},
  "data": "",
  "files": {},
  "form": {
    "key1": "value1",
    "key2": "value2"
  },
  "headers": {
    "Accept": "*/*",
    "Accept-Encoding": "gzip, deflate",
    "Content-Length": "23",
    "Content-Type": "application/x-www-form-urlencoded",
    "Host": "httpbin.org",
    "User-Agent": "python-requests/2.24.0",
    "X-Amzn-Trace-Id": "Root=1-5ff40f7d-6e42ada26735f6cb2411f5fc"
  },
  "json": null,
  "origin": "124.204.78.122",
  "url": "http://httpbin.org/post"
}

程序运行结束
```

图 9-4

（二）响应超时

当浏览器发送请求后，会等待网站返回数据，这个动作称为响应。

发送请求后，程序可能会迟迟等不到响应。通过 timeout 参数可以设定一个等待响应时间，在设定的时间后便停止等待响应，引发一个异常，如示例代码 9-9 所示。

示例代码 9-9

```python
import requests
r = requests.get("http://github.com", timeout=0.2)
```

运行程序后，产生的异常如图 9-5 所示，表示连接超时。

```
requests.exceptions.ConnectTimeout: HTTPSConnectionPool(host='github.com', port=443):
Max retries exceeded with url: / (Caused by ConnectTimeoutError(<urllib3.connection.HT
TPSConnection object at 0x000002B9E674E7B8>, 'Connection to github.com timed out. (con
nect timeout=0.2)'))
程序运行结束
```

图 9-5

同时，timeout 参数可以分别设定连接和读取时间，以元组表示，第一个数值为设定的等待响应时间，第二个数值为设定的等待读取时间，如示例代码 9-10 所示。

示例代码 9-10

```
import requests
r = requests.get("http://github.com", timeout=(2,0.2))
```

运行程序后，产生的异常如图 9-6 所示，表示读取超时。

```
requests.exceptions.ReadTimeout: HTTPConnectionPool(host='127.0.0.1
', port=10080): Read timed out. (read timeout=0.2)
程序运行结束
```

图　9-6

● **备考锦囊**

当客户端第一次和目标服务器通信时，需要建立一个 TCP 连接来确定双方建立连接关系。连接超时是指当超过一段时间仍无法建立连接时就会报错，停止发送请求；读取超时是指建立 TCP 连接后，客户端开始等待目标服务器回传数据，如果等待一段时间后仍没有收到目标服务器发送的数据包，就会断开连接。

考 点 探 秘

▶ 考题 1

小明想要获取百度网页的内容，他编写了如下程序，运行程序，网页能正常响应，则程序输出的结果为（　　）。

```
import requests
r = requests.get("https://www.baidu.com/")
print(r.status_code)
```

A．100　　　　　　B．200　　　　　　C．300　　　　　　D．404

※ **核心考点**

考点 1　Requests 库

※ 思路分析

本题考查 response 对象的属性 status_code。

※ 考题解答

status_code 属性返回 HTTP 请求的状态，200 表示连接成功，404 表示连接失败。故选 B。

〉考题 2

小明编写了一个爬虫程序，要将爬取的信息输出。他发现需要设置编码格式，则①处应填写的内容是（　　）。

```
import requests

url = "http://www.baidu.com"
response = requests.get(url)
   ①    = "utf-8"   # 设置接收编码格式
print("\nr 的类型 " + str(type(response)))
print("\n 状态码是 :" + str(response.status_code))
print("\n 头部信息 :" + str(response.headers))
```

A．response.encoding   B．response.encode

C．response.get()   D．response.post()

※ 核心考点

考点 1   Requests 库

※ 思路分析

本题考查 response 对象的属性 encoding。

※ 考题解答

encoding 属性可以更改编码方式，百度网页默认的编码方式是 ISO-8859-1。故选 A。

※ 举一反三

编写一个程序，获取百度网页的内容，并以字符串的形式显示，则①处应填写的内容是（　　）。

```
import requests
r = requests.get("https://www.baidu.com/")
r.encoding = "utf-8"
print(r.___①___)
```

A．encoding   B．text

C．content   D．status_code

巩固练习

1．小明编写了一个爬虫程序，要获取网页请求的返回状态，则①处应填写的是（　　）。

```
import requests
r = requests.get("https://www.baidu.com/")
print(r.___①___)
```

A．get()   B．status_code

C．encoding   D．post()

2．编写一个程序，如果发送请求 1 秒后没有得到响应，便停止等待响应，则①处应填写的是（　　）。

```
import requests
r = requests.get("https://www.baidu.com/",___①___=1)
print(r.content)
```

A．time   B．headers   C．timeout   D．data

专题10

HTML数据

　　使用浏览器浏览网页时，你是否观察过网页结构，网页上有哪些内容呢？哪里是标题，哪里是文字段落，你可以区分开吗？本专题就让我们从网页内容入手，学习 HTML 语言，制作简单的网页，并把它放到浏览器中展示。我们还要学习解析和处理在网络上面爬取的 HTML 数据，一起走进今天的课程吧！

考查方向

★ 能力考评方向

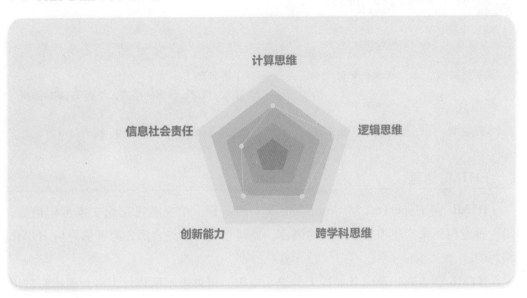

★ 知识结构导图

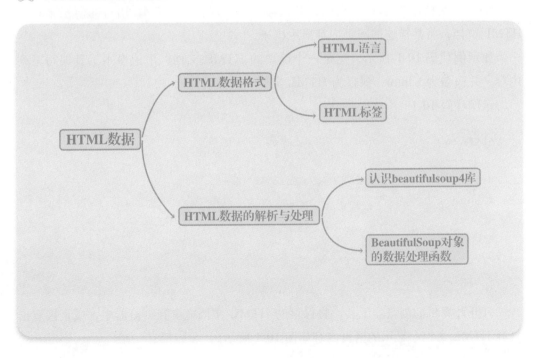

考点清单

 考点 1 HTML 数据格式

考点评估		考查要求
重要程度	★★★★☆	1. 了解 HTML 语言；
难度	★★★★☆	2. 理解 HTML 数据的格式，掌握 HTML 数据的元素和属性；
考查题型	选择题、操作题	3. 掌握网页的基本组成结构，编写简单的页面

（一）HTML 语言

HTML 是 HyperText Markup Language 的简称，中文意思是超文本标记语言，是一种专门用来描述和显示网页的语言，目前互联网上绝大部分网页都是用 HTML 编写的。

HTML 语言有一套完善而庞大的语法规则，可以表示图片、表格、网络超链接等丰富的含义。HTML 语言描述了网页的信息，存储在 HTML 文档中，文档的内容就是 HTML 数据。

HTML 文档也叫作 Web 页面，浏览器软件可以根据 HTML 语言的语法来查看 HTML 文档，将其描述的网页内容显示出来。

如示例代码 10-1 所示，这是一个简单的 HTML 文档。用记事本工具编写下列内容，并命名为 1.html，保存为 HTML 文档。

示例代码 10-1

```
<html>
<head>
<title> 我的第一个 HTML 文档 </title>
</head>
<body>
欢迎来到 Python 课程!
</body>
</html>
```

打开计算机的浏览器工具，将保存的 HTML 文档拖曳到浏览器中，或直接双击打开 HTML 文档，显示的网页内容如图 10-1 所示。

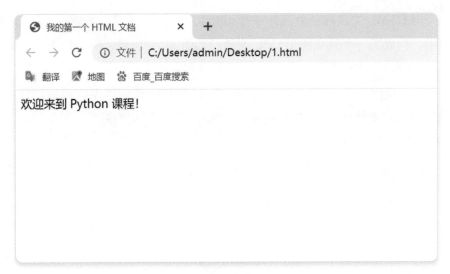

图 10-1

● **备考锦囊**

HTML 可以用任何文本编辑器创建（如记事本等），保存 HTML 文档时，扩展名是 .html 或 .htm。

（二）HTML 标签

HTML 语言使用给文本内容加标签的方式来"描述"网页内容。如图 10-2 所示，HTML 文档里用一对尖括号"<>"括起来的部分称为标签，如 <html> </html>、<title> </title> 等。HTML 标签（又称为 HTML 元素）有开始部分和结束部分（也被称为开始标签和结束标签），如 <html> 代表标签开始，</html> 代表标签结束。

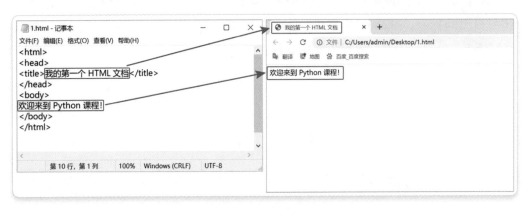

图 10-2

每一个 HTML 文件都至少拥有一对 <html> </html> 标签，描述页面的语句就包含在其中，构成了一个独立的 HTML 文件。如图 10-2 所示，<html> 标签里包含了两个部分：<head> 和 <body>。<head> 标签里包含了文档标题（标题包含于 <title> 标签中），<body> 标签里是具体的内容。标签存在嵌套的情况，最后出现的标签应该最先结束，如图 10-2 中的 <body> 标签嵌套在 <html> 里并且较后出现，因此 </body> 标签先结束。

1. 常用标签

标签本质上是对它所包含内容的说明，并限定了这个标签所包含的内容。HTML 文档通过不同的标签表示文本、网络超链接、图片、表格等不同的内容。HTML 语言拥有一套标记标签，常见的标签如表 10-1 所示。

表 10-1

标　签	描　述
<!DOCTYPE html>	声明为 HTML 文档
<html>	是 HTML 页面的根元素
<head>	包含了文档的一般信息（元数据），如网页编码格式、标题等
<title>	描述了文档的标题
<body>	包含了页面所有可见的内容，是文档的具体内容
<h1> ~ <h6>	定义了不同级别的标题
<p>	设置段落
<img>	用于在页面上添加图片
<a>	超级链接，用来指出内容与另一个页面或当前页面某个地方有关

一篇文章通常既有大标题也有小标题，HTML 中共有六种标题，即一级标题至六级标题，对应的标签分别为 <h1>、<h2>、<h3>、<h4>、<h5>、<h6>，其中 h1 是最大的标题。<head> 标签中的 <meta charset="UTF-8"> 定义了网页编码格式为 UTF-8，以保证中文字符可以正常显示，如示例代码 10-2 所示。

示例代码 10-2

```
<!DOCTYPE html>
<html>
<head>
<meta charset="UTF-8">
<title> 页面标题 </title>
</head>
<body>
```

```
<h1> 我的第一个标题 </h1>
<p> 我的第一个段落。</p>
</body>
</html>
```

页面显示结果如图 10-3 所示。

图　10-3

2．常用的标签属性

标签具有属性，可以给出更多的信息，属性值要用单引号或双引号括起来。例如，图片标签 <img> 的 src 属性用于指明图片的地址，width 和 height 属性用于规定图片的高度和宽度。当标签只包括自己的属性，没有其他内容时，可以写成类似这样：<img src="logo.gif" />，最后的一个空格和一个反斜杠说明标签已结束，不需要单独的结束标签。如示例代码 10-3 所示。

示例代码 10-3

```
<!DOCTYPE html>
<html>
<head>
<title> 显示图片 </title>
</head>
<body>
<img src="C:\Users\admin\Desktop\star.png" alt=" 图片无法显示 "width=
"530" height="518" />
</body>
</html>
```

准备图片 star.png 并获取图片的地址，页面显示结果如图 10-4 所示。

图　10-4

若因为图片地址或名称不正确而无法打开属性 src 指定的图片，浏览器将会在需要显示图片的地方显示 alt 属性定义的文本，如图 10-5 所示。

图　10-5

标签 <a> 表示超链接，用浏览器查看 HTML 文档时，单击标签 <a> 括起来的内容会跳转到另一个页面。这个要跳转到的页面地址由标签 <a> 的 href 属性指定，如示例代码 10-4 所示。

示例代码 10-4

```
<!DOCTYPE html>
<html>
<head>
```

```
<title> 显示超链接 </title>
</head>
<body>
<a href="https://www.baidu.com"> 这是一个超链接 </a>
</body>
</html>
```

程序运行结果如图 10-6 所示。

图　10-6

HTML 使用哪些标签，这些标签具有哪些属性，都是规定好的，学习 HTML 也就是学习这些标签和属性。

3．网页的基本布局

HTML 描述的网页的布局如图 10-7 所示。

```
<html>
    <head>
        <title>页面标题</title>
    </head>

    <body>
        <h1>这是一个标题</h1>

        <p>这是一个段落。</p>

        <p>这是另外一个段落。</p>
    </body>
<html>
```

图　10-7

● 备考锦囊

　　HTML 语言本质上是对键值对的标记，采用 <key>value</key> 的方式表达键 key 对应的值 value。

 考点 2　HTML 数据的解析与处理

考 点 评 估		考 查 要 求
重要程度	★★★★☆	1. 了解 beautifulsoup4 库，掌握数据对象及其属性的使用；
难度	★★★★☆	2. 了解 HTML 数据处理函数，能够使用函数解析得到数据
考查题型	选择题、操作题	

（一）认识 beautifulsoup4 库

　　抓取数据后，通过对 HTML 页面的进一步解析，可以得到需要的数据信息。通常使用 beautifulsoup4（也称为 bs4）库来解析和处理 HTML 数据。解析 HTML 数据的工作量巨大，需要深入了解 HTML 语法，去除页面格式元素后，会得到有用的信息。beautifulsoup4 库将专业的 Web 格式解析部分封装成函数，提供了很多方便的处理函数。

　　使用 bs4 库可以将复杂的 HTML 网页文档转换为一个树形结构，这个树形结构中的每一个节点都是 Python 对象。这些节点对象一共可以分为四类：Tag、NavigableString、BeautifulSoup 和 Comment。其中，BeautifulSoup 对象表示的是一个 HTML 网页的全部内容；Tag 对象是 HTML 中的标签；NavigableString 可以理解为"可以遍历的字符串"，对应着 Tag 标签中的字符串内容；Comment 则是 HTML 的注释部分。

1. BeautifulSoup 对象的属性

　　beautifulsoup4 库把每个页面都当作一个对象，通过 from-import 形式从库中直接引用 BeautifulSoup 类，这个类的每一个实例化对象都相当于一个页面。

　　BeautifulSoup() 实例化出 BeautifulSoup 对象，实例化过程中需要传入一个 feautures 参数表示解析方式，常用的解析方式有 lxml、html.parser、xml，我们在解析 html 数据时需要将其设置为 html.parser。HTML 页面中的标签都变为

BeautifulSoup 对象的属性，可以直接用 <a>.<b> 的方式获得。BeautifulSoup 对象的常用属性如表 10-2 所示。

表　10-2

属　性	说　　明
head	HTML 页面的 <head> 内容
title	HTML 页面标题，由 <head> 中的 <title> 标记
body	HTML 页面的 <body> 内容
p	HTML 页面中的第一个 <p> 内容

抓取百度页面后，解析百度页面的内容，如示例代码 10-5 所示。

示例代码 10-5

```python
import requests
from bs4 import BeautifulSoup
# 简化获取网页的代码，没有考虑异常情况
r = requests.get("https://www.baidu.com")
r.encoding = "utf-8"
# 使用 BeautifulSoup() 创建一个 BeautifulSoup 对象
soup = BeautifulSoup(r.text,features='html.parser')
print(soup.title)   # 获得标题标签内容
print(soup.p)    # 获得第一个段落标签内容
```

运行程序后，输出结果如图 10-8 所示。

```
控制台                                                    ×
<title>白度一下，你就知道</title>
<p id="lh"> <a href="http://home.baidu.com">关于白度</a> <a href="http://ir.bai
du.com">About Baidu</a> </p>
程序运行结束
```

图　10-8

2. Tag 对象的属性

BeautifulSoup 的属性和 HTML 的标签命名相同，每一个标签在 beautifulsoup4 库中也是一个对象，称为 Tag 对象。每个标签对象都是类似的结构：

```
<p> ... </p>
```

其中，标签的名字、属性、子标签、文本都可以通过访问标签对象的名称来获取。标签对象的常用属性如表 10-3 所示。

表 10-3

属 性	描 述
name	标签的名字，例如 a，字符串类型
attrs	包含原来页面标签的所有属性，例如 href，字典类型
contents	该标签下的所有子标签，列表类型
string	当标签内的文本内容只有一条时，string 属性可以获取该标签的内容，字符串类型
strings	当标签内有多条文本内容时，可通过遍历 strings 属性循环获取
stripped_strings	当标签内有多条文本内容时，可通过遍历 stripped_strings 循环获取，并去除空白的内容

Tag 中的字符串，就是四种 Python 对象之一的 NavigableString。获取标签的名字等属性，如示例代码 10-6 所示。

示例代码 10-6

```python
import requests
from bs4 import BeautifulSoup
# 简化获取网页的代码，没有考虑异常情况
r = requests.get("https://www.baidu.com")
r.encoding = "utf-8"
# 使用 BeautifulSoup() 创建一个 BeautifulSoup 对象
soup = BeautifulSoup(r.text,features='html.parser')
print(soup.title.name)    # 标题标签的名字
print(soup.img.sttrs)     # 图片标签的属性
```

运行程序后，输出结果如图 10-9 所示。

```
控制台                                          ✕
title
None
程序运行结束
```

图 10-9

图 10-10 所示的 HTML 文档名为 html_example.html，该 HTML 结构中的 h1 标签下有多条文本内容。示例代码 10-7 的第 5 ~ 6 行代码通过 for 循环遍历了 h1 标签中的去除空行后的所有文本内容。

```
1  <!DOCTYPE html>
2  <html>
3  <head>
4  <title>测试页面</title>
5  </head>
6  <body>
7  <p style = "font-size:50px">这是第一段</p>
8  <h1>一级标题
9  <p style = "color:orange;font-family:楷体">这是第二段</p>
10 <h2>二级标题
11 <img src='monkey.png' width='300' height='300'>
12 <br>
13 <a href='http://www.baidu.com'>点击搜索</a>
14   </h2>
15 </h1>
16 </body>
17 </html>
```

图　10-10

示例代码 10-7

```python
from bs4 import BeautifulSoup
htmlF = open('html_example.html',encoding='utf-8')
soup = BeautifulSoup(htmlF, 'html.parser')
tagH1 = soup.h1
for i in tagH1.stripped_strings:
    print(i)
```

程序运行结果如图 10-11 所示。

控制台
一级标题
这是第二段
二级标题
点击搜索
程序运行结束

图　10-11

● 备考锦囊

　　在 HTML 文档中，通常一个 Tag 中还会存在其他的 Tag 或多个字符串，它们都是这个 Tag 的子节点。beautifulsoup4 库提供了许多操作和遍历子节点的属性。需要注意的是，BeautifulSoup 对象中字符串节点是不支持这些属性的，因为字符串没有子节点。

　　如图 10-12 所示，head、body 是 html 的子节点，其他所有节点都是 html 的子孙节点；body 是 h1 的父节点，html、body 是 h1 的父辈节点。对于兄弟节点来说，它们必须属于同一个父节点。a 和 img 互为兄弟节点，head 和 body 互为兄弟节点；但 title 和 h1 不是兄弟节点，因为它们不属于同一个父类。

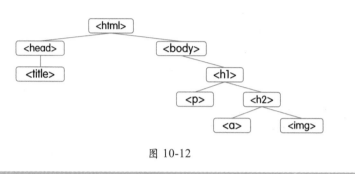

图 10-12

通过标签的名字获取标签，是操作文档树最简单的方式，如 soup.title 就是获取 soup 对象中的标题标签。通过标签的属性可以获取或操作子类节点和父类节点，如表 10-4 所示。

表　10-4

属　性	描　述
contents	将子节点以列表的方式输出
children	子节点的迭代类型，对子节点进行循环遍历
descendants	子孙节点的迭代类型，对所有的子孙节点进行递归循环
parent	获得该节点的父节点
parents	父辈节点的迭代类型，对所有的父辈节点进行循环遍历
next_sibling	节点的下一个兄弟节点
next_siblings	节点后续所有兄弟节点的迭代类型，对后续所有兄弟节点进行循环遍历
previous_sibling	节点的上一个兄弟节点
previous_siblings	节点前续所有兄弟节点的迭代类型，对前续所有兄弟节点进行循环遍历

假设有一个 title_tag 对象，想要得到该对象的所有子节点，迭代类型的用法如示例代码 10-8 所示。

示例代码 10-8

```
for child in title_tag.children:
    print(child)
```

（二）BeautifulSoup 对象的数据处理函数

HTML 数据中同一个标签可能会包含很多内容，例如，百度网页首页的标签 <a> 就有很多处。使用示例代码 10-6 中的 soup.a 这种方式只能返回第一个超链接。当需要找到非第一个标签时，可以使用 BeautifulSoup 的 find() 和 find_all() 方法，这两个方法可以按照条件返回标签内容，通过 <a>.<b>() 的方式可以调用 BeautifulSoup 对象的方法。

BeautifulSoup.find_all(name, attrs, recursive, string, limit) 根据设置的参数，会遍历整个 HTML 文档中符合条件的标签，以列表类型返回所有查找结果。BeautifulSoup 的 find() 方法以字符串类型返回找到的第一个结果，find() 方法与 find_all() 采用同样的属性设置方法。

各个参数的含义如下。

（1）name：按照标签名字检索，名字用字符串的形式表示。例如，'a'、'img'。

（2）attrs：按照标签属性值检索，以字典类型的形式列出属性的名称和数值。

（3）recursive：设置查找层次，只查找当下标签下一层时使用 recursive = False。

（4）string：按照关键字检索 string 属性的内容，例如，string = ' 开始 '。

（5）limit：返回结果的个数，默认返回全部结果。

find_all() 方法返回全部结果，而 find() 方法只返回找到的第一个结果。查找百度网页中的超链接，如示例代码 10-9 所示。

示例代码 10-9

```
import requests
from bs4 import BeautifulSoup
# 简化获取网页的代码，没有考虑异常情况
r = requests.get("https://www.baidu.com")
r.encoding = "utf-8"
# 使用 BeautifulSoup() 创建一个 BeautifulSoup 对象
soup = BeautifulSoup(r.text, features='html.parser')
# 查找网页中的前两个超链接标签
print(soup.find_all('a', limit=2))
# 查找网页中的第一个符合条件的超链接标签
print(soup.find('a'))
```

运行程序后，输出结果如图 10-13 所示。

专题
10

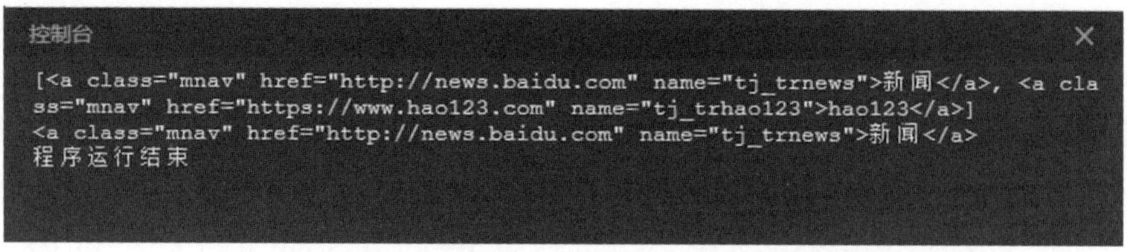

图　10-13

考点探秘

考题 1

HTML 是指（　　　）。

A．超文本标记语言（Hyper Text Markup Language）

B．家庭工具标记语言（Home Tool Markup Language）

C．超链接和文本标记语言（Hyperlinks and Text Markup Language）

D．头部文本标记语言（Header Text Markup Language）

※ **核心考点**

考点 1　HTML 数据格式

※ **思路分析**

本题考查考生对 HTML 语言概念的理解。

※ **考题解答**

HTML 是超文本标记语言，是 HyperText Markup Language 的简称，故选 A。

※ **举一反三**

下列选项中属于 HTML 格式文件的是（　　　）。

A．world.html
B．world.tml

C．world.ht
D．world.h

考题 2

在下列选项中，能够表示 HTML 文档中文本的最大标题的标签是（　　　）。

A．<h6>　　　　　　　　　B．<head>

C．<heading>　　　　　　　D．<h1>

※ **核心考点**

考点 1　HTML 数据格式

※ **思路分析**

本题考查考生对 HTML 数据标签的理解。

※ **考题解答**

标签 <h1>~<h6> 表示标题，其中 h1 最大，h6 最小。<head> 表示头部信息，不存在 <heading> 这个标签，故选 D。

※ **举一反三**

标签 </html> 在 HTML 文档中代表的是（　　　）。

A．开始标签　　　B．标签内容　　　C．文档的标题　　　D．结束标签

> **考题 3**

小可编写的解析 HTML 数据的程序如下，若网页抓取成功，则输出结果为（　　　）。

```
import requests
from bs4 import BeautifulSoup
# 简化获取网页的代码，没有考虑异常情况
r = requests.get("https://www.baidu.com")
r.encoding = "utf-8"
# 使用 BeautifulSoup() 创建一个 BeautifulSoup 对象
soup = BeautifulSoup(r.text, features='html.parser')
print(soup.find('img'))
```

A．网页中所有图片标签内容

B．网页中第一个图片标签内容

C．网页中最后一个图片标签内容

D．网页中所有图片标签的名称

※ **核心考点**

考点 2　HTML 数据的解析与处理

※ **思路分析**

本题考查使用 beautifulsoup4 库对 HTML 数据进行解析和处理的掌握情况。

※ **考题解答**

soup 代表着 BeautifulSoup 对象，find() 方法可以找到第一个符合条件的标签内容，find_all() 方法可以返回所有符合条件的标签内容，故选 B。

巩固练习

1. 小明在编写一个 HTML 程序时,想在网页内容中显示标题"我的第一个网页",下列选项中属于定义网页标题的语句是（　　　）。

    A．<h1> 我的第一个网页 </h1>

    B．<h3> 我的第一个网页

    C．<title> 我的第一个网页 </title>

    D．<body> 我的第一个网页 </body>

2. 如图 10-14 所示，该页面显示的内容是用 HTML 语言编写出来的（标题是最大标题）请编写出对应的 HTML 文档内容。

图　10-14

向 量 数 据

在数学中，向量是线性代数的基础概念；在计算机科学中，向量被应用于整个机器学习领域。数学中的向量与标量相对，指的是具有大小和方向的量。Python 中的向量指的又是什么呢？本章节将介绍向量的基本概念、处理向量数据的第三方库和向量的基本操作。

考查方向

⭐ 能力考评方向

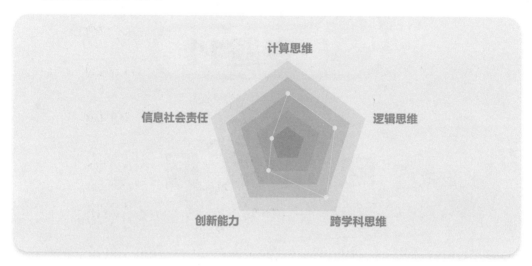

⭐ 知识结构导图

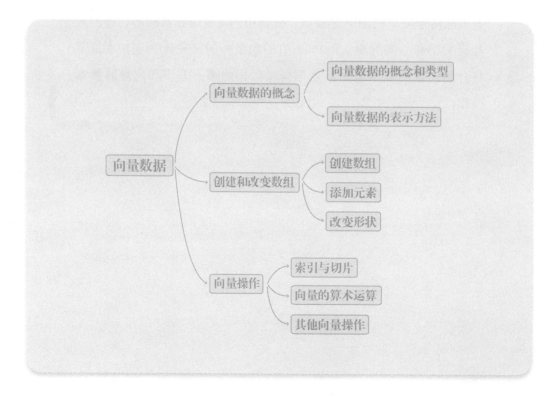

考点清单

考点 1　向量数据的概念

考点评估		考查要求
重要程度	★★★☆☆	1. 了解向量数据的概念、类型，掌握向量数据在 Python 中的基本表示方法；
难度	★★☆☆☆	
考查题型	选择题、操作题	2. 了解 NumPy 库和使用 NumPy 库的主要数据对象

（一）向量数据的概念和类型

向量数据是指存储一系列同类型数据的有序数据结构。根据向量的不同维度，可以分为一维向量、二维向量和多维向量。

Python 中的列表和元组可以用来存储向量数据，如示例代码 11-1 所示。一维列表、二维列表、三维列表（多维列表）如图 11-1 所示。

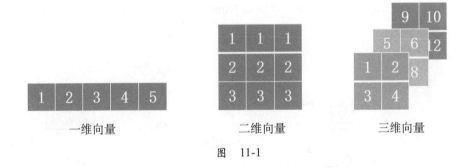

一维向量　　　　　　二维向量　　　　　　三维向量

图　11-1

示例代码 11-1

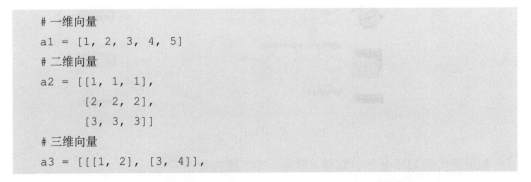

```
# 一维向量
a1 = [1, 2, 3, 4, 5]
# 二维向量
a2 = [[1, 1, 1],
      [2, 2, 2],
      [3, 3, 3]]
# 三维向量
a3 = [[[1, 2], [3, 4]],
```

```
       [[5, 6], [7, 8]],
       [[9, 10], [11, 12]]])
print(a1)
print(a2)
print(a3)
```

运行程序后，输出结果会以数组的形式呈现，如图 11-2 所示。

```
控制台
[1, 2, 3, 4, 5]
[[1, 1, 1], [2, 2, 2], [3, 3, 3]]
[[[1, 2], [3, 4]], [[5, 6], [7, 8]], [[9, 10], [11, 12]]]
程序运行结束
```

图　11-2

（二）向量数据的表示方法

向量数据常用来进行科学计算。虽然 Python 基本数据类型可以用来存储和表达向量数据，但是在应对庞大的向量计算时就会有些"力不从心"。第三方库 NumPy 是进行科学计算的基础包，它的 N 维数组对象 ndarray（常被称为"数组"）就属于向量数据类型，是常见的向量数据表示形式之一。

NumPy 并非 Python 的内置库，使用前需先下载并安装到计算机中，如图 11-3 所示，在海龟编辑器的"库管理"中搜索 NumPy 库，单击"安装"按钮即可。

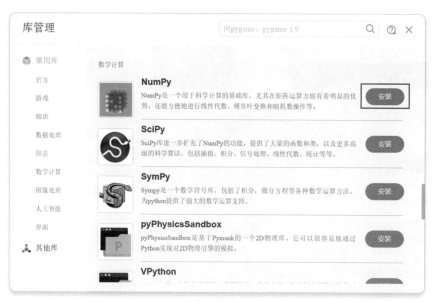

图　11-3

如示例代码 11-2 所示，数组 a 就是一个二维向量。

示例代码 11-2

```
import numpy as np
a = np.array([[1, 3, 5], [2, 4, 6]])
print(a)
```

运行程序后，输出结果如图 11-4 所示。

```
控制台
[[1 3 5]
 [2 4 6]]
程序运行结束
```

图　11-4

ndarray 的常用基本属性如表 11-1 所示。

表　11-1

属　　　性	描　　　述
ndarray.ndim	数组的维度个数
ndarray.shape	数组的形状，也就是用元组形式表示数组在每个维度上的元素数量
ndarray.size	数组元素的总个数
ndarray.dtype	数组元素的数据类型

如果要查看各个属性的值，可以直接使用对象进行调用，如示例代码 11-3 所示。

示例代码 11-3

```
import numpy as np
a = np.array([[1, 3, 5], [2, 4, 6]])
print(a)
print('数组维度:', a.ndim)
print('数组形状:', a.shape)
print('元素个数:', a.size)
print('元素类型:', a.dtype)
```

运行程序后，输出结果如图 11-5 所示。

```
控制台
[[1 3 5]
 [2 4 6]]
数组维度:　2
数组形状:　(2, 3)
元素个数:　6
元素类型:　int32
程序运行结束
```

图　11-5

● 备考锦囊

数组的 shape 属性表示数组在每个维度上的元素数量。在调用 shape 属性返回的元组中，第一个元素表示最外层中括号内的元素数量。如图 11-6 所示，shape 为（3, 2, 2）的数组，其中第一个 3 代表最外层中括号中包含三个元素。

$$shape = (3, 2, 2)$$

$$
\begin{bmatrix}
[[1, 2] \\
[3, 4]] \\
\\
[[5, 6] \\
[7, 8]] \\
\\
[[9, 10] \\
[11, 12]]]
\end{bmatrix}
$$

图　11-6

考点 2　创建和改变数组

考 点 评 估		考 查 要 求
重要程度	★★★★☆	1. 掌握创建数组的三种基本方法；
难度	★★★☆☆	2. 能够向数组中添加元素；
考查题型	选择题、填空题	3. 掌握改变数组形状的方法，能够应用 reshape() 方法改变向量的形状

（一）创建数组

创建数组有三种基本方法，分别是从 Python 基本数据类型中创建、从 NumPy 数组中创建，以及从其他库中创建。

1．从 Python 基本数据类型中创建

方法 array() 接收一个参数，可以将用 Python 基本数据类型表示的向量转变为 ndarray 对象，如示例代码 11-4 所示。

示例代码 11-4

```
import numpy as np
a = np.array((('啊','哦'),('嗯','呐')))   # 利用元组创建数组
b = np.array([[1,2,6],[3,4,8]])   # 利用列表创建数组
print(a)
print(b)
```

运行程序后，输出结果如图 11-7 所示。

```
控制台
[['啊' '哦']
 ['嗯' '呐']]
[[1 2 6]
 [3 4 8]]
程序运行结束
```

图　11-7

2. 从 NumPy 数组中创建

NumPy 库中有四个方法可以直接创建新的数组，如表 11-2 所示。

表　11-2

方　　法	描　　述
ones(shape)	接收一个元组类型参数 shape ，返回一个形状为 shape 的数组，其元素均为 1，默认为浮点数类型
empty(shape)	接收一个元组类型参数 shape ，返回一个形状为 shape 的数组，其元素均为随机浮点数
zeros(shape)	接收一个元组类型参数 shape ，返回一个形状为 shape 的数组，其元素均为 0，默认为浮点数类型
arange(start,stop,step)	该方法有 3 个参数，start 和 step 参数有默认值。调用后返回一个一维数组，其元素为指定区间内间隔均匀的数字。传递一个参数 stop 时，stop 表示截止值（不包括该值），起始值默认为 0，间隔默认为 1；传递两个参数时，第一个参数 start 表示起始值，stop 表示截止值；传递 3 个参数时，第三个参数 step 表示步长

创建数组的四种方法的调用，如示例代码 11-5 所示。

示例代码 11-5

```
import numpy as np
a = np.empty((2, 3))
b = np.arange(10, 100, 15)
c = np.arange(10)
d = np.ones((3, 2, 4))
e = np.zeros((2, 2))
```

```
print(a)
print(b)
print(c)
print(d)
print(e)
```

运行程序后，输出结果如图 11-8 所示。

```
控制台
[[6.23042070e-307 3.56043053e-307 1.37961913e-306]
 [1.60217812e-306 1.86921279e-306 1.69119330e-306]]
[10 25 40 55 70 85]
[0 1 2 3 4 5 6 7 8 9]
[[[1. 1. 1. 1.]
  [1. 1. 1. 1.]]

 [[1. 1. 1. 1.]
  [1. 1. 1. 1.]]

 [[1. 1. 1. 1.]
  [1. 1. 1. 1.]]]
[[0. 0.]
 [0. 0.]]
程序运行结束
```

图　11-8

● **备考锦囊**

　　ones()、empty()、zeros()、arange() 这四种方法，均可接受 dtype 参数。可以使用这个参数设置数组中元素的数据类型，如 np.int 表示整数型、np.float 表示浮点数。如示例代码 11-6 所示。

　　示例代码 11-6

```
import numpy as np
print(np.empty((2, 2),dtype=np.int))
print(np.arange(2, 10, 3, dtype=np.float))
```

运行程序后，输出结果如图 11-9 所示。

```
控制台
[[6002822503641728833 8219114835313613396]
 [7809529662698160175 8387217654030624880]]
[2. 5. 8.]
程序运行结束
```

图　11-9

3．创建符合标准正态分布的向量数据

最常用的方法为 random.randn()，它接受若干个整数作为参数，返回一个符合标准正态分布的数组；这些参数代表着函数生成的数组的 shape，比如传入的是两个参数，分别是 2 和 3，就代表生成一个 shape 为（2,3）的向量数据。当没有参数时，返回单个数据。如示例代码 11-7 所示。

示例代码 11-7

```
import numpy as np
u = np.random.randn(2, 3)   # 返回 shape 为 (2,3) 的数组
p = np.random.randn(4)   # 返回一维数组，元素个数为 4
print(u)
print(p)
```

运行程序后，输出结果如图 11-10 所示。

```
控制台
[[ 0.06886987 -1.52345152 -0.57036843]
 [ 0.01554716  1.78944139  1.71082249]]
[ 1.67693526  0.80317713 -0.58777375 -1.56050358]
程序运行结束
```

图 11-10

（二）添加元素

给数组添加新元素，可以通过合并若干个数组来实现，concatenate () 方法可以实现这个功能。它接收若干向量组成的元组作为参数，将这些向量连接在一起后返回一个新数组。如示例代码 11-8 所示。

示例代码 11-8

```
import numpy as np
o1 = np.zeros((2, 3))
o2 = np.ones((1, 3))
oo = np.concatenate((o1, o2))
print(oo)
```

运行程序后，输出结果如图 11-11 所示。

```
控制台
[[0. 0. 0.]
 [0. 0. 0.]
 [1. 1. 1.]]
程序运行结束
```

图 11-11

向 concatenate() 传递参数 axis 可设置沿着哪一个维度添加元素，当不传递 axis 参数时，默认其为 0。在不同维度的向量中，axis 所代表的连接方向如图 11-12 所示。

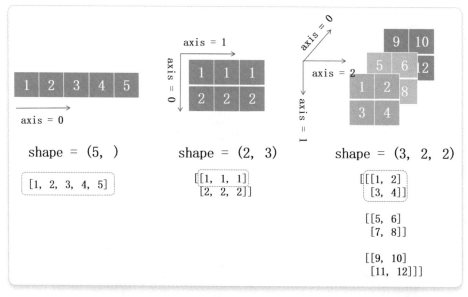

图 11-12

一维数组只有一个维度，因此连接一维数组时，无须设置 axis 参数（此时默认 axis 值为 0），如示例代码 11-9 所示。

示例代码 11-9

```
import numpy as np
a1 = np.array([1, 1, 1])
a2 = np.array([2, 2, 2])
aa0 = np.concatenate((a1, a2))
print(a1)
print("+"*10)
print(a2)
print("+"*10)
print(aa0)
```

运行程序后，输出结果如图 11-13 所示。

```
控制台

[1 1 1]
++++++++++
[2 2 2]
++++++++++
[1 1 1 2 2 2]
程序运行结束
```

图 11-13

二维数组有两个维度，连接不同数组时，参数 axis 可设置为 0 或 1，如示例代码 11-10 所示。

示例代码 11-10

```
import numpy as np
a1 = np.ones((2, 2))
a2 = np.zeros((2, 2))
print(a1)
print(a2)
print('+'*10)
aa0 = np.concatenate((a1, a2))
print(aa0)
print('+'*10)
aa1 = np.concatenate((a1, a2), axis = 1)
print(aa1)
```

运行程序后，输出结果如图 11-14 所示。

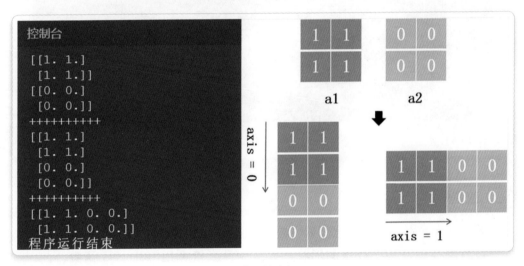

图　11-14

● **备考锦囊**

使用 concatenate() 连接的向量，除了连接的维度外（即 axis 参数所代表的维度），其他维度的形状必须一致，也就是其他维度的元素个数需相同，如示例代码 11-11 所示。

示例代码 11-11

```
import numpy as np
```

```
c1 = np.zeros((2, 1, 2))
# 当 axis = 2, shape 元组的前两项需相同
c2 = np.ones((2, 1, 1))
cc1 = np.concatenate((c1, c2), axis=2)
print(cc1)
# 当 axis = 1, shape 元组的第 0 项和第 2 项需相同
c3 = np.ones((2, 3, 2))
cc2 = np.concatenate((c1, c3), axis=1)
print(cc2)
```

运行程序后，输出结果如图 11-15 所示。

```
控制台
[[[0. 0. 1.]]

 [[0. 0. 1.]]]
[[[0. 0.]
  [1. 1.]
  [1. 1.]
  [1. 1.]]

 [[0. 0.]
  [1. 1.]
  [1. 1.]
  [1. 1.]]]
```

图　11-15

（三）改变形状

数组方法 reshape() 可以改变数组的形状而无须更改数据。具体方法有以下两种。

（1）直接调整某一数组的形状，数组变量直接调用 reshape() 函数，此时向 reshape() 传递新的形状元组即可，如示例代码 11-12 所示。

示例代码 11-12

```
import numpy as np
a = np.arange(12)
print(a)
b = a.reshape((3, 4))   # 改变形状为 3 行 4 列的数组
print(b)
```

运行程序后，输出结果如图 11-16 所示。

控制台

```
[ 0  1  2  3  4  5  6  7  8  9 10 11]
[[ 0  1  2  3]
 [ 4  5  6  7]
 [ 8  9 10 11]]
程序运行结束
```

图　11-16

（2）将数组作为参数传递给 numpy.reshape()，并传递 newshape 参数指定的新形状，如示例代码 11-13 所示。

示例代码 11-13

```
import numpy as np
a = np.arange(12)
c = np.reshape(a, newshape=(2, 6))
print(c)
```

运行程序后，输出结果如图 11-17 所示。

控制台

```
[[ 0  1  2  3  4  5]
 [ 6  7  8  9 10 11]]
程序运行结束
```

图　11-17

 考点 3　向量操作

考点评估		考查要求
重要程度	★★★★★	1．理解向量的切片和索引，能够根据实际需求选取向量中的数据；
难度	★★★★☆	2．掌握向量的基本运算操作，能够进行向量间的算术运算、求向量最值及元素的和
考查题型	选择题、填空题、操作题	

（一）索引与切片

和列表相似，数组索引是指用中括号"[ ]"选取数组内指定的数据。对于一维数组，向量的索引操作与列表索引基本一致。如示例代码 11-14 所示。

示例代码 11-14

```
import numpy as np
a = np.arange(12)
```

155

专题
11

```
print(a)
print(a[2])
print(a[::-1]) # 步长为 -1，也就是从数组末尾倒序选取整个数组
print(a[1:10:3]) # 从第 2 项起到第 11 项（不包括第 11 项），步长为 3
```

运行程序后，输出结果如图 11-18 所示。

```
控制台
[ 0  1  2  3  4  5  6  7  8  9 10 11]
2
[11 10  9  8  7  6  5  4  3  2  1  0]
[1 4 7]
程序运行结束
```

图　11-18

对于二维向量和多维向量，数组索引以元组的形式给出（也可以直接给出各个索引）；每个维度都有一个对应的索引值，元组的第 1 个元素对应数组最外层索引值；当提供的索引少于维度数时，缺失的索引被认为是完整的切片，如示例代码 11-15 所示。

示例代码 11-15

```
import numpy as np
a = np.arange(12).reshape(2, 2, 3)
print(a)
# 选取某一个元素
print(a[(1, 1, 1)])    # 索引以元组形式作为参数
print(a[0, 1, 2])    # 直接给出各个方向的索引作为参数
# 选取一个数组
print('-'*10)
print(a[1, 0]) # 索引缺失，认为选取整个切片
print(a[0, :, :]) # 索引缺失，认为选取整个切片
```

运行程序后，输出结果如图 11-19 所示。

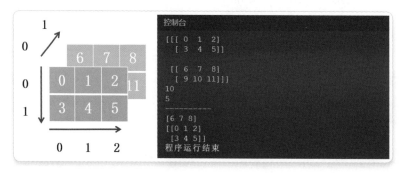

图　11-19

（二）向量的算术运算

向量间能够进行加、减、乘、除等算术运算，数组间算术运算符的运算将应用到元素级别，如示例代码 11-16 和示例代码 11-17 所示。

示例代码 11-16

```
import numpy as np
a = np.arange(0,12,2).reshape(2,3)
print(a)
b = np.arange(1, 13, 2).reshape(2, 3)
print(b)
print('*'*10)
# 向量间算术运算
print(a + b)
print(a * b)
```

运行程序后，输出结果如图 11-20 所示。

```
控制台
[[ 0  2  4]
 [ 6  8 10]]
[[ 1  3  5]
 [ 7  9 11]]
**********
[[ 1  5  9]
 [13 17 21]]
[[  0   6  20]
 [ 42  72 110]]
程序运行结束
```

图　11-20

示例代码 11-17

```
import numpy as np
a = np.arange(0, 12, 2).reshape(2, 3)
print(a)
print(a + 2)
print(a * 3)
print(a ** 2)
```

运行程序后，输出结果如图 11-21 所示。

● **备考锦囊**

数组间进行四则运算要求数组形状相同。

```
控制台
[[ 0  2  4]
 [ 6  8 10]]
[[ 2  4  6]
 [ 8 10 12]]
[[ 0  6 12]
 [18 24 30]]
[[  0   4  16]
 [ 36  64 100]]
程序运行结束
```

图　11-21

（三）其他向量操作

向量常见操作还包括求元素最值及求和，NumPy 库中 ndarray 的方法可直接获得这些操作的结果，如表 11-3 和示例代码 11-18 所示。

表　11-3

方　法	描　述
ndarray.sum()	不传递参数时，求取所有元素的和；传递 axis 参数可指定求和的维度
ndarray.min()	不传递参数时，求取所有元素的最小值；传递 axis 参数可指定求最小值的维度
ndarray.max()	不传递参数时，求取所有元素的最大值；传递 axis 参数可指定求最大值的维度

示例代码 11-18

```
import numpy as np
a = np.arange(0, 12, 2).reshape(2, 3)
print(a)
print('所有元素的和：', a.sum()) #求所有元素的和
print('每列的和：', a.sum(axis = 0)) #求最外层维度的和
print('每列的最小值：', a.min(axis = 0))
print('每行的最大值：', a.max(axis = 1)) #求最内层维度的最大值
```

运行程序后，输出结果如图 11-22 所示。

```
控制台
[[ 0  2  4]
 [ 6  8 10]]
所有元素的和： 30
每列的和： [ 6 10 14]
每列的最小值： [0 2 4]
每行的最大值： [ 4 10]
程序运行结束
```

图　11-22

专题
11

考点探秘

考题 1

阅读下列程序，下列选项描述正确的是（　　）。

```
import numpy as np
l = [(1, 2, 6), (5, 7, 9)]
n = np.array(l)
print(n.shape)
```

A．程序运行后，输出结果为 (3, 2)

B．变量 n 为一个三维向量

C．变量 n 为一个 ndarray 对象，它的 size 属性表示数组形状

D．以上说法皆不正确

※ **核心考点**

考点 1　向量数据的概念

※ **思路分析**

本题主要考查向量数据的维度、形状等基本概念。

※ **考题解答**

变量 n 为二维向量，第一维度（内层）有 3 个元素，第二维度（外层）有 2 个元素，选项 B 错误；shape 属性用元组形式表示数组形状，元组的每个元素表示各个维度上的元素数量，第一个元素表示最外层维度的元素数量，因此输出结果为 (2, 3)，选项 A 错误；size 属性表示数组所有元素的数量，选项 C 错误，故选 D。

考题 2

运行下列程序，输出结果为（　　）。

```
import numpy as np
a = np.arange(10, 120, 20)
b = a.reshape((2,3))
c = np.ones((3,2))
```

```
print(b.size == a.size)
print(c.dtype == a.dtype)
```

A．True True

B．False True

C．True False

D．False False

※ **核心考点**

考点 1   向量数据的概念

考点 2   创建和改变数组

※ **思路分析**

本题主要考查向量数据的属性、创建向量和改变向量形状的函数。

※ **考题解答**

向量 a 和向量 b 的元素个数相同，形状不同，故第 5 行代码的输出结果为 True；向量 a 元素的类型为整型数，向量 c 元素的类型为浮点数，故第 6 行代码的输出结果为 False，故选 C。

※ **举一反三**

阅读如图 11-23 所示的代码和输出结果，①、②处应该填写的函数为（   ）。

```
1   import numpy as np
2   a = np.___①___((2, 4))
3   b = np.empty((2, 3), ___②___=np.int64)
4   print(a)
5   print(b)
```

控制台

```
[[1. 1. 1. 1.]
 [1. 1. 1. 1.]]
[[25895968444448860 22518393277644867 31244186277773433]
 [32088542489018467 32933049024053349 32370056119910514]]
```

程序运行结束

图   11-23

A．ones axis   B．zeros dtype   C．ones dtype   D．empty axis

考题 3

运行下列程序，输出结果为（　　）。

```
import numpy as np
a = np.array([3, 1, 5])
b = np.array([6, 1, 4])
c = b-a
print(c)
```

A．[3　1　5]　　　　　　　　B．[3　0　−1]

C．[6　1　4]　　　　　　　　D．[−3　0　1]

※ **核心考点**

考点 3　向量操作

※ **思路分析**

本题主要考查向量的算术运算。

※ **考题解答**

向量间的算术运算将应用到元素级别，向量相加减也就是对应位置的元素相加减，故选 B。

※ **举一反三**

运行下列程序，输出结果为（　　）。

```
import numpy as np
a = np.array([[1, 3, 5], [2, 4, 6]])
b = np.arange(2, 8).reshape(2, 3)
print(a * b)
```

A．[[2　9　20]
　　[10　24　42]]

B．[[1　6　15]
　　[8　20　36]]

C．[[8　21　30]
　　[10　16　18]]

D．[2　9　20　10　24　42]

巩固练习

1. 下列选项中描述正确的是（　　）。

 A．Python 中的组合数据类型均可以用来表示向量数据

 B．NumPy 库中的 ndarray 对象方法生成的数组只能包含数字类型的元素

 C．ndarray.zeros() 生成的数组，默认元素为整型数

 D．可以使用 concatenate() 方法给 NumPy 数组添加新元素

2. 阅读下列程序，下列选项中描述错误的是（　　）。

```
import numpy as np
l = np.arange(100,10,-15)
b = l.reshape((3,2))
c = np.zeros(b.shape)
d = b*2
```

 A．向量 d 中所有元素的最大值为 200

 B．向量 b 与向量 c 的形状相同

 C．向量 b 为一个三维向量

 D．向量 l 的 size 属性值为 6

3. 运行下列程序，输出结果为（　　）。

```
import numpy as np
a = np.array([5, 9, 10, 1, 3, 20, 30, 15])
b = np.reshape(a, (2, 4))
print(b.max(axis = 1))
```

 A．30　　　　B．[10 30]　　　　C．[5 20 30 15]　　　　D．[30 20]

专题12

图像数据

　　无论是网络上可以浏览下载的图片，还是我们使用电子设备拍摄的照片，都属于图像数据。图像数据在生活中无处不在，那么，这些图像是如何呈现的？使用者怎样才能改变图像的大小、角度和色彩？本专题将帮助大家理解图像数据中的相关概念，教会大家如何使用第三方库对图像数据进行操作。

考查方向

★ 能力考评方向

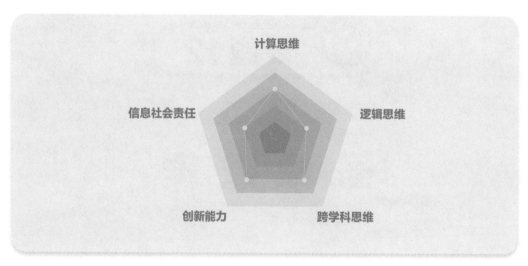

★ 知识结构导图

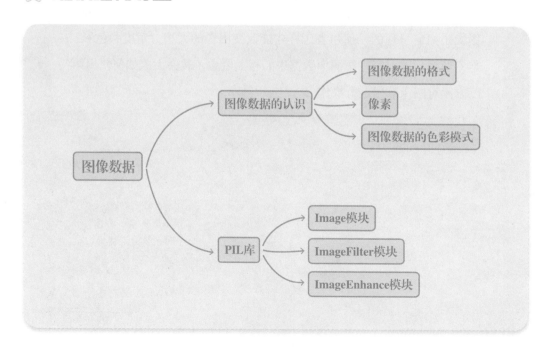

专题
12

考点清单

考点 1　图像数据的认识

考点评估		考查要求
重要程度	★★★☆☆	1. 了解图像数据的常用格式；
难度	★☆☆☆☆	2. 了解像素的概念；
考查题型	选择题	3. 了解图像数据的常用色彩模式

（一）图像数据的格式

　　图像数据常用的格式有 JPG（JPEG）、PNG 和 GIF。JPG 模式支持最高级别的压缩，利用图片的部分损耗，使图片的体积变小，方便图片在网络内进行传播。PNG 格式是一种无损压缩的格式，生成的图片体积比 JPG 略大，但是能较好地保留图片的画质，支持图像的透明效果。GIF 格式是一种动态图像格式，可以将多帧图像组合在一起形成动画。

　　除了这三种常见的图像格式，还有一些保持高画质的图片格式。这些格式为了保持高品质的画质，采取无压缩或者压缩比例较小的形式进行存储，比如说 TIFF（无损压缩格式）和 RAW（原始图像编码数据），这一类格式图片的大小往往是 JPG 或者 PNG 格式图像大小的数十倍。这一类图像打开的速度较慢，需要特殊的软件才可以对其进行读取，但它们保持着较高的图像品质，往往放大数十倍后，图片细节依然清晰可见。

（二）像素

　　图像数据的宽度和高度以"像素"为单位。像素是指组成图像的小方块，这些小方块具有明确的位置和色彩值，如图 12-1 所示。像素是图像的最小单位，图像包含多少像素决定了这个图像在屏幕上所呈现的大小。

（三）图像数据的色彩模式

　　图像数据常见的色彩模式有灰度图像、真彩色图像

图　12-1

和出版图像。灰度图像中的每个像素都有一个 0 ~ 255 的亮度值，0 代表黑色，255 代表白色，其他值代表它们之间过渡的灰色。真彩色图像（即 RGB 色彩模式）中的每个像素值都分为 R（红色）、G（绿色）和 B（蓝色）三个基色分量，每个基色分量决定其基色的强度，如图 12-2 所示，出版和印刷一般会用到 CMYK 色彩模式，C、M、Y、K 分别代表四个基础分色，其中 C 代表青色（Cyan），M 代表洋红色（Magenta），Y 代表黄色（Yellow），K 代表黑色（Black），如图 12-3 所示。

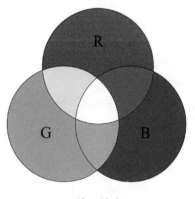
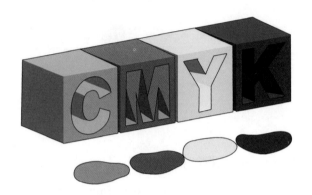

图　12-2　　　　　　　　　　　　　　图　12-3

考点 2　PIL 库

	考点评估		考查要求
重要程度	★★★★★		1. 能够通过 Image 模块进行图像的基本处理；
难度	★★★★☆		2. 能够通过 ImageFilter 模块进行图像过滤；
考查题型	选择题、操作题		3. 能够通过 ImageEnhance 模块进行图像增强

（一）Image 模块

Image 模块是 PIL 库处理图像时常用的模块，此模块中包含同名的 Image 类、对图像进行基本操作的函数及处理图像的各种方法。

1. 图像读取

Image 模块中的 open() 函数可以读取图像。这个函数只有一个参数，参数代表文件及目录。当图像文件与程序保存在同一目录下时，调用函数时需要填入图像名称和格式作为参数；当图像文件与程序保存在不同目录下时，调用函数时，需要在图像名称和格式前填写图像文件的绝对路径，才可以读取文件。

如示例代码 12-1 所示，调用 open() 函数，打开图像文件 photo.jpg。

示例代码 12-1

```
from PIL import Image
im = Image.open("photo.jpg")
im.show()
```

图 12-4

运行程序后，输出结果如图 12-4 所示。

● **备考锦囊**

Image 模块中的 show() 函数会调用系统默认的图片查看器显示图像。这个函数不需要传入参数，也没有返回值。

2．Image 类的基本属性

Image 类是 Image 模块的核心类，用来加载和操作图像数据。

Image 类的对象有三个基本属性：format、size 和 mode。format 属性代表图像格式，也就是图像存储的后缀名。size 属性代表图像尺寸，用元组表示。元组中的两个数字分别代表宽度和高度，单位是像素。例如，（150,300）代表图像的宽度为 150 像素，高度为 300 像素。mode 属性代表图像的色彩模式，L 为灰度图像，RGB 为真彩色图像，CMYK 为出版图像。

如示例代码 12-2 所示，代码读取图像后，在控制台输出基本属性。

示例代码 12-2

```
from PIL import Image
im = Image.open("photo.jpg")
print(im.format)
print(im.size)
print(im.mode)
```

图 12-5

运行程序后，输出结果如图 12-5 所示。

3．创建图像

Image 模块中的 new() 函数会创建一个新的图像。这个函数接收三个参数：mode、size 和 color，分别代表创建图像的色彩模式、尺寸和颜色。函数执行后，会返回一个 image 类型的对象，如示例代码 12-3 所示。

示例代码 12-3

```
from PIL import Image
im = Image.new("RGB",(300,300),"green")
im.show()
```

运行程序后，输出结果如图 12-6 所示。

图　12-6

4. 转换图像模式

convert() 方法可以用于转换图像的色彩模式，该方法共有三种调用方式，最常见的是接收一个 mode 参数。mode 参数代表色彩模式，在 PIL 库中共有 9 种色彩模式，如表 12-1 所示。

表　12-1

参　数	说　　明
1	二值图像，非黑即白，每个像素用 8bit 长度的数字表示灰度，0 表示黑，255 表示白
L	灰度图像，每个像素用 8bit 长度的整数表示灰度，0 表示黑，255 表示白，其他数字表示不同的灰度
I	灰度图像，每个像素用 32bit 长度的整数表示灰度，0 表示黑，255 表示白，其他数字表示不同的灰度
F	灰度图像，每个像素用 32bit 长度的小数表示灰度，0 表示黑，255 表示白，其他数字表示不同的灰度
RGB	真彩色图像，即 RGB 色彩模式，每个像素值都分为 R（红色）、G（绿色）和 B（蓝色）3 个基色分量
RGBA	比 RGB 多了一个 alpha 值，代表透明度
CMYK	出版色彩模式，C、M、Y、K 分别代表 4 个基础分色，其中，C 代表青色（Cyan），M 代表洋红色（Magenta），Y 代表黄色（Yellow），K 代表黑色（Black）
YCbCr	24 位彩色图像，每个像素用 24bit 表示，Y 是指亮度分量，Cb 是指蓝色色度分量，Cr 是指红色色度分量
P	调色板模式，可以自定义调色板

convert() 方法的返回值是改变颜色模式后的图片副本，调用方法如示例代码 12-4 所示。

示例代码 12-4

```
from PIL import Image
im = Image.open("photo.jpg")
im.show()
im2 = im.convert("L")
im2.show()
```

运行程序后，输出结果如图 12-7 所示。

图　12-7

5．调整图像尺寸

resize() 方法可以调整图像的大小，它接收一个包含两个元素的元组作为参数，元组中的元素分别代表调整后图像的宽和高，单位是像素。该方法的返回值是图像调整后的副本，类型是 Image。调用方式如示例代码 12-5 所示。

示例代码 12-5

```
from PIL import Image
im = Image.open("photo.jpg")
im.show()
im2 = im.resize((755, 755))
im2.show()
```

运行程序后，输出结果如图 12-8 所示。

图　12-8

6．旋转图像

rotate() 方法可以旋转图像，它接收一个整数作为参数，参数代表的是旋转角度。当参数为正数时，图像按逆时针方向旋转；当参数为负数时，图像按顺时针方向旋转，旋转图像不会改变图像的尺寸。调用方式如示例代码 12-6 所示。

示例代码 12-6

```
from PIL import Image
im = Image.open("photo.png")
```

专题 12

```
im = im.rotate(45)
im.show()
```

运行程序后，输出结果如图 12-9 所示。旋转角度结束后，超过原图像的部分会被裁剪掉。

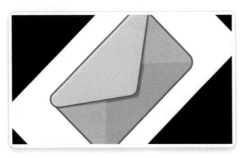

图 12-9

7．切割图像

crop() 方法可以对图像进行切割，共有 left、up、right 和 below 4 个参数，left 表示与左边界的距离；up 表示与上边界的距离；right 还是表示与左边界的距离；below 还是表示与上边界的距离，如图 12-10 所示，从图像中切割出右侧猫咪，如示例代码 12-7 所示。

图 12-10

示例代码 12-7

```
from PIL import Image
im = Image.open("cat.png")
```

```
box = (1000,400,1500,850)
im2 = im.crop(box)
im2.show()
```

8.保存图像

save() 方法用来保存图像，它接收字符串作为参数，如果传入的是完整的文件名称，包括后缀名，程序运行结束后，图像将保存在代码文件所在的目录下。如示例代码 12-8 所示，save() 方法通过修改文件名后缀，可以实现图像的格式转换，其返回值为 None。

示例代码 12-8

```
from PIL import Image
im = Image.open("photo.jpg")
im.save("photo.png")
```

如图 12-11 所示，程序运行结束后，会在原文件夹中保存一个新的文件，而旧文件也会保留。

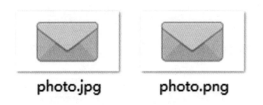

photo.jpg　　　photo.png

图　12-11

需要注意的是，如果反过来，读取的是 PNG 文件，直接保存成 JPG 文件就会报错，因为 PNG 文件的色彩模式是 RGBA，包含四个色彩通量，而 JPG 文件默认的色彩模式是 RGB，只有三个色彩通量。因此，要把 PNG 文件转换成 JPG，需要在中间增加一个色彩模式的转换，如示例代码 12-9 所示。

示例代码 12-9

```
from PIL import Image
im = Image.open("photo.png")
im = im.convert("RGB")
im.save("photo.jpg")
```

（二）ImageFilter 模块

图像滤波是一种图片处理方法，不同的图像滤波算法会产生不同的图像处理结果，在图像处理中，经常需要对图像进行平滑、锐化、边界增强等滤波处理。例如，

专题
12

给某个图像加上高通滤波，就可以使图像锐化，也就是使模糊部分变得更清晰。PIL 库的 ImageFilter 模块提供图像过滤的方法，利用 Image 的 filter() 方法可以使用 ImageFilter 类进行图像过滤，ImageFilter 类提供了 10 种图像过滤的方法，如表 12-2 所示。

表 12-2

过 滤 方 法	说 明
ImageFilter.BLUR	图像的模糊效果，使图像较原图模糊一些
ImageFilter.CONTOUR	图像的轮廓效果，将图像的轮廓提取出来
ImageFilter.DETAIL	图像的细节效果，显化图像中的细节
ImageFilter.EDGE_ENHANCE	图像的边界加强效果，使图像边缘部分突出
ImageFilter.EDGE_ENHANCE_MORE	使图像边缘部分更加明显
ImageFilter.EMBOSS	图像的浮雕效果，使图像呈现出浮雕效果
ImageFilter.FIND_EDGES	图像的边界效果，找出图像中的边缘信息
ImageFilter.SMOOTH	图像的平滑效果，使图像亮度平缓，改善图片质量
ImageFilter.SMOOTH_MORE	使图像变得更加平滑
ImageFilter.SHARPEN	图像的锐化效果，使图像变得清晰

以 ImageFilter.CONTOUR 过滤方法为例，处理图 12-12 中的图像，如示例代码 12-10 所示。

图 12-12

示例代码 12-10

```
from PIL import Image
from PIL import ImageFilter
im = Image.open("pht.png")
im2 = im.filter(ImageFilter.CONTOUR)
im2.show()
```

运行程序后，输出结果如图 12-13 所示。

图　12-13

> ● **备考锦囊**
>
> 　　使用 ImageFilter 类的图像过滤方法时，需要同时导入 PIL 库的 Image 模块和 ImageFilter 模块。

（三）ImageEnhance 模块

　　PIL 库的 ImageEnhance 模块提供图像增强的功能，例如，调整图像色彩度、对比度、亮度和锐度等，如表 12-3 所示。

表　12-3

方　　法	说　　明
enhance()	增强选择属性数值相应的倍数
ImageEnhance.Color()	调整图像的色彩
ImageEnhance.Contrast()	调整图像的对比度
ImageEnhance.Brightness()	调整图像的亮度
ImageEnhance.Sharpness()	调整图像的锐度

　　如示例代码 12-11 所示，将 ImageEnhance.Color() 方法与 enhance() 方法搭配使用，处理图 12-12 中的图像，使其色彩增强为初始值的 10 倍。

　　示例代码 12-11

```
from PIL import Image
from PIL import ImageEnhance
im = Image.open("pht.png")
im2 = ImageEnhance.Color(im)
im3 = im2.enhance(10)
im3.show()
```

运行程序后，输出结果如图 12-14 所示。

图 12-14

● **备考锦囊**

调整图像对比度、亮度和锐度的方法与调整图像色彩的方法相同，搭配 enhance() 方法增强相应的倍数；使用 ImageEnhance 类的图像增强方法时，需要同时导入 PIL 库的 Image 模块和 ImageEnhance 模块。

考点探秘

> **考题 1**

小明编写了一个程序，从左边的大图中抠取了右图所示的部分，如图 12-15 所示。那么①处应填写的内容是（ ）。

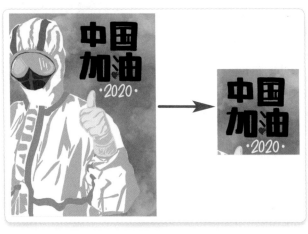

图 12-15

```
from PIL import Image
im = Image.open("_China.jpg")
box = (300, 0, 700, 400)
region = im.___①___(box)
region.show()
```

A. size　　　　B. format　　　　C. mode　　　　D. crop

※ **核心考点**

考点 2　PIL 库

※ **思路分析**

本题考查 PIL 库中 Image 模块切割图像的方法。

※ **考题解答**

可以使用 PIL 库中 Image 模块的 crop() 方法对图像进行切割，故选 D。

> **考题 2**

图像的色彩模式有灰度图像、真彩图像或出版图像。小短编写了一个程序，需要获取一个图像的色彩模式，则①处应填写的内容是（　　）。

```
import requests
from PIL import Image
im = Image.open("0.png")
print(___①___)
im.show()
```

A. im.mode　　　　B. im.format　　　　C. im.size　　　　D. im.palette

※ **核心考点**

考点 2　PIL 库

※ **思路分析**

本题考查 PIL 库的对象的属性 status_code。

※ **考题解答**

mode 为图像色彩模式属性，format 为图像格式属性，size 为图像尺寸属性，

专题
12

palette 为图像调色板属性，故选 A。

※ 举一反三

编写一个程序，将图像"pt"的大小修改为 425×425，并保存为"pt2"，则①处应填写的内容是（　　）。

```
from PIL import Image
im = Image.open("pt.png")
im2 = im.___①___((425,425))
im2.save("pt2.png")
```

A．size　　　　　B．resize　　　　　C．convert　　　　　D．rotate

巩固练习

1．编写一个程序，将图像"ph"的对比度增强 7 倍，则下列程序中①处应填写的内容是（　　）。

```
from PIL import Image
from PIL import ImageEnhance
im = Image.open("ph.png")
im2 = ImageEnhance.___①___(im)
im3 = im2.enhance(7)
im3.show()
```

A．Color　　　B．Brightness　　　C．Contrast　　　D．Sharpness

2．给定一张图片 test.jpg（见图 12-16），请结合 PIL 库编写程序，获取图片的尺寸 (width, height)，并将图片的高度输出。（注：不能人为地修改图片尺寸。）

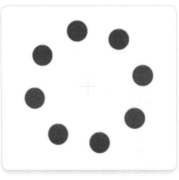

图　12-16

附　录

附录A
青少年编程能力等级标准：第2部分

1 范围

本标准规定了青少年编程能力等级，本部分为本标准的第 2 部分。

本部分规定了青少年编程能力等级（Python 编程）及其相关能力要求，并根据等级设定及能力要求给出了测评方法。

本标准适用于各级各类教育、考试、出版等机构开展以青少年编程能力教学、培训及考核为内容的业务活动。

2 规范性引用文件

文件《信息技术 学习、教育 培训测试试题信息模型》（GB/T 29802—2013）对于本文件应用必不可少。凡是注日期的引用文件，仅注日期的版本适用于本文件；凡是不注日期的引用文件，其最新版本（包括所有的修改单）适用于本文件。

3 术语和定义

3.1 Python 语言

由 Guido van Rossum 创造的通用、脚本编程语言，本部分采用 3.5 及之后的 Python 语言版本，不限定具体版本号。

3.2 青少年

年龄在 10～18 岁，此"青少年"约定仅适用于本部分。

3.3 青少年编程能力 Python 语言

"青少年编程能力等级第 2 部分：Python 语言编程"的简称。

3.4 程序

由 Python 语言构成并能够由计算机执行的程序代码。

3.5 语法

Python 语言所规定的、符合其语言规范的元素和结构。

3.6　语句式程序

由 Python 语句构成的程序代码，以不包含函数、类、模块等语法元素为特征。

3.7　模块式程序

由 Python 语句、函数、类、模块等元素构成的程序代码，以包含 Python 函数或类或模块的定义和使用为特征。

3.8　IDLE

Python 语言官方网站（https://www.python.org）所提供的简易 Python 编辑器和运行调试环境。

3.9　了解

对知识、概念或操作有基本的认知，能够记忆和复述所学的知识，能够区分不同概念之间的差别或者复现相关的操作。

3.10　理解

与了解（3.9 节）含义相同，此"理解"约定仅适用于本部分。

3.11　掌握

能够理解事物背后的机制和原理，能够把所学的知识和技能正确地迁移到类似的场景中，以解决类似的问题。

4　青少年编程能力 Python 语言概述

本部分面向青少年计算思维和逻辑思维培养而设计，以编程能力为核心培养目标，语法限于 Python 语言。本部分所定义的编程能力划分为四个等级。每个等级分别规定相应的能力目标、学业适应性要求、核心知识点及所对应的能力要求。依据本部分进行的编程能力培训、测试和认证，均应采用 Python 语言。

4.1　总体设计原则

青少年编程等级 Python 语言面向青少年设计，区别于专业技能培养，采用如下四个基本设计原则。

（1）基本能力原则：以基本编程能力为目标，不涉及精深的专业知识，不以培养专业能力为导向，适当增加计算机学科背景内容。

（2）心理适应原则：参考发展心理学的基本理念，以儿童认知的形式运算阶段为主要对应期，符合青少年身心发展的连续性、阶段性及整体性规律。

（3）学业适应原则：基本适应青少年学业知识体系，与数学、语文、外语等科目衔接，不引入大学层次课程内容体系。

（4）法律适应原则：符合《中华人民共和国未成年人保护法》的规定，尊重、关心、爱护未成年人。

4.2 能力等级总体描述

青少年编程能力 Python 语言共包括四个等级，以编程思维能力为依据进行划分，等级名称、能力目标和等级划分说明如表 A-1 所示。

表 A-1

等级名称	能力目标	等级划分说明
Python 一级	基本编程思维	具备以编程逻辑为目标的基本编程能力
Python 二级	模块编程思维	具备以函数、模块和类等形式抽象为目标的基本编程能力
Python 三级	基本数据思维	具备以数据理解、表达和简单运算为目标的基本编程能力
Python 四级	基本算法思维	具备以常见、常用且典型算法为目标的基本编程能力

补充说明："Python 一级"包括对函数和模块的使用。例如，对标准函数和标准库的使用，但不包括函数和模块的定义。"Python 二级"包括对函数和模块的定义。

青少年编程能力 Python 语言各级别代码量要求说明如表 A-2 所示。

表 A-2

等级名称	代码量要求说明
Python 一级	能够编写不少于 20 行的 Python 程序
Python 二级	能够编写不少于 50 行的 Python 程序
Python 三级	能够编写不少于 100 行的 Python 程序
Python 四级	能够编写不少于 100 行的 Python 程序，掌握 10 类算法

补充说明：这里的代码量是指为解决特定计算问题而编写单一程序的行数。各级别代码量要求建立在对应级别知识点内容的基础上。代码量作为能力达成度的必要但非充分条件。

5 "Python 一级"的详细说明

5.1 能力目标及适用性要求

"Python 一级"以基本编程思维为能力目标，具体包括如下四个方面。

（1）基本阅读能力：能够阅读简单的语句式程序，了解程序运行过程，预测程序运行结果。

（2）基本编程能力：能够编写简单的语句式程序，正确运行程序。

（3）基本应用能力：能够采用语句式程序解决简单的应用问题。

（4）基本工具能力：能够使用 IDLE 等展示 Python 代码的编程工具完成程序的编写和运行。

"Python 一级"与青少年学业存在如下适用性要求。

（1）阅读能力要求：认识汉字并能阅读简单的中文内容，熟练识别英文字母、了解并记忆少量的英文单词，识别时间的简单表示。

（2）算术能力要求：掌握自然数和小数的概念及四则运算，理解基本推理逻辑，了解角度、简单图形等基本几何概念。

（3）操作能力要求：熟练操作无键盘平板电脑或有键盘普通计算机，基本掌握鼠标的使用。

5.2 核心知识点说明

"Python 一级"包含 12 个核心知识点，如表 A-3 所示，知识点排序不分先后。

表 A-3

编号	知识点名称	知识点说明	能 力 要 求
1	程序基本编写方法	以 IPO 为主的程序编写方法	掌握"输入、处理、输出"程序的编写方法，能够辨识各环节，具备理解程序的基本能力
2	Python 基本语法元素	缩进、注释、变量、命名和保留字等基本语法	掌握并熟练使用基本语法元素编写简单程序，具备利用基本语法元素进行问题表达的能力
3	数字类型	整数类型、浮点数类型、布尔类型及其相关操作	掌握并熟练编写带有数字类型的程序，具备解决数字运算基本问题的能力
4	字符串类型	字符串类型及其相关操作	掌握并熟练编写带有字符串类型的程序，具备解决字符串处理基本问题的能力
5	列表类型	列表类型及其相关操作	掌握并熟练编写带有列表类型的程序，具备解决一组数据处理基本问题的能力
6	类型转换	数字类型、字符串类型、列表类型之间的转换操作	理解类型的概念及类型转换的方法，具备表达程序类型与用户数据间对应关系的能力
7	分支结构	if、if...else、if...elif...else 等构成的分支结构	掌握并熟练编写带有分支结构的程序，具备利用分支结构解决实际问题的能力
8	循环结构	for、while、continue 和 break 等构成的循环结构	掌握并熟练编写带有循环结构的程序，具备利用循环结构解决实际问题的能力

附录

编号	知识点名称	知识点说明	能力要求
9	异常处理	try...except 构成的异常处理方法	掌握并熟练编写带有异常处理能力的程序，具备解决程序基本异常问题的能力
10	函数使用及标准函数 A	函数使用方法，10 个左右 Python 标准函数（见资料性附录）	掌握并熟练使用基本输入 / 输出和简单运算为主的标准函数，具备运用基本标准函数的能力
11	Python 标准库入门	基本的 turtle 库功能，基本的程序绘图方法	掌握并熟练使用 turtle 库的主要功能，具备通过程序绘制图形的基本能力
12	Python 开发环境使用	Python 开发环境使用，不限于 IDLE	熟练使用某一种 Python 开发环境，具备使用 Python 开发环境编写程序的能力

5.3　核心知识点能力要求

"Python 一级" 12 个核心知识点对应的能力要求如表 A-3 所示。

5.4　标准符合性规定

"Python 一级" 的符合性评测需要包含对 "Python 一级" 各知识点的评测，知识点宏观覆盖度要达到 100%。

根据标准符合性评测的具体情况，给出基本符合、符合、深度符合三种认定结论。基本符合是指每个知识点提供不少于 5 个具体知识内容；符合是指每个知识点提供不少于 8 个具体知识内容；深度符合是指每个知识点提供不少于 12 个具体知识内容。具体知识内容要与知识点实质相关。

用于交换和共享的青少年编程能力等级测试及试题应符合《信息技术　学习、教育和培训　测试试题信息模型》（GB/T 29802—2013）的规定。

5.5　能力测试要求

与 "Python 一级" 相关的能力测试在标准符合性规定的基础上应明确考试形式和考试环境，考试要求如表 A-4 所示。

表　A-4

内　容	描　述
考试形式	理论考试与编程相结合
考试环境	支持 Python 程序的编写和运行环境，不限于单机版或 Web 网络版
考试内容	满足标准符合性规定（5.4 节）

附录

6　"Python 二级"的详细说明

6.1　能力目标及适用性要求

"Python 二级"以模块编程思维为能力目标，具体包括如下四个方面。

（1）基本阅读能力：能够阅读模块式程序，了解程序运行过程，预测程序运行结果。

（2）基本编程能力：能够编写简单的模块式程序，正确运行程序。

（3）基本应用能力：能够采用模块式程序解决简单的应用问题。

（4）基本调试能力：能够了解程序可能产生错误的情况，理解基本调试信息并完成简单的程序调试。

"Python 二级"与青少年学业存在如下适用性要求。

（1）已具备能力要求：具备"Python 一级"所描述的适用性要求。

（2）数学能力要求：了解以简单方程为内容的代数知识，了解随机数的概念。

（3）操作能力要求：熟练操作计算机，熟练使用鼠标和键盘。

6.2　核心知识点说明

"Python 二级"包含 12 个核心知识点，如表 A-5 所示，知识点排序不分先后。其中，名称中标注"（基本）"的知识点表明该知识点相比专业说法仅做基础性要求。

表　A-5

编号	知识点名称	知识点说明	能力要求
1	模块化编程	以代码复用、程序抽象、自顶向下设计为主要内容	理解程序的抽象、结构及自顶向下设计方法，具备利用模块化编程思想分析实际问题的能力
2	函数	函数的定义、调用及使用	掌握并熟练编写带有自定义函数和函数递归调用的程序，具备解决简单代码复用问题的能力
3	递归及算法	递归的定义及使用、算法的概念	掌握并熟练编写带有递归的程序，了解算法的概念，具备解决简单迭代计算问题的能力
4	文件	基本的文件操作方法	掌握并熟练编写处理文件的程序，具备解决数据文件读写问题的能力
5	（基本）模块	Python 模块的基本概念及使用	理解并构建模块，具备解决程序模块之间调用问题及扩展规模的能力
6	（基本）类	面向对象及 Python 类的简单概念	理解面向对象的简单概念，具备阅读面向对象代码的能力

续表

编号	知识点名称	知识点说明	能 力 要 求
7	（基本）包	Python 包的概念及使用	理解并构建包，具备解决多文件程序组织及扩展规模问题的能力
8	命名空间及作用域	变量命名空间及作用域，全局和局部变量	熟练并准确理解语法元素作用域及程序功能边界，具备界定变量作用范围的能力
9	Python 第三方库的获取	根据特定功能查找并安装第三方库	基本掌握 Python 第三方库的查找和安装方法，具备搜索扩展编程功能的能力
10	Python 第三方库的使用	jieba 库、pyinstaller 库、wordcloud 库等第三方库	基本掌握 Python 第三方库的使用方法，理解第三方库的多样性，具备扩展程序功能的基本能力
11	标准函数 B	5 个标准函数（见资料性附录）及查询使用其他函数	掌握并熟练使用常用的标准函数，具备查询并使用其他标准函数的能力
12	基本的 Python 标准库	random 库、time 库、math 库等标准库	掌握并熟练使用 3 个 Python 标准库，具备利用标准库解决问题的简单能力

6.3　核心知识点能力要求

"Python 二级" 12 个核心知识点对应的能力要求如表 A-5 所示。

6.4　标准符合性规定

"Python 二级" 的符合性评测需要包含对 "Python 二级" 各知识点的评测，知识点宏观覆盖度要达到 100%。

根据标准符合性评测的具体情况，给出基本符合、符合、深度符合三种认定结论。基本符合是指每个知识点提供不少于 5 个具体知识内容；符合是指每个知识点提供不少于 8 个具体知识内容；深度符合是指每个知识点提供不少于 12 个具体知识内容。具体知识内容要与知识点实质相关。

用于交换和共享的青少年编程能力等级测试及试题应符合《信息技术　学习、教育和培训　测试试题信息模型》（GB/T 29802—2013）的规定。

6.5　能力测试要求

与 "Python 二级" 相关的能力测试在标准符合性规定的基础上应明确考试形式和考试环境，考试要求如表 A-6 所示。

表　A-6

内　容	描　述
考试形式	理论考试与编程相结合
考试环境	支持 Python 程序运行环境，支持文件读写，不限于单机版或 Web 网络版
考试内容	满足标准符合性规定（6.4 节）

7 "Python 三级"的详细说明

7.1 能力目标及适用性要求

"Python 三级"以基本数据思维为能力目标，具体包括如下四个方面。

（1）基本阅读能力：能够阅读具有数据读写、清洗和处理功能的简单 Python 程序，了解程序运行过程，预测程序运行结果。

（2）基本编程能力：能够编写具有数据读写、清洗和处理功能的简单 Python 程序，正确运行程序。

（3）基本应用能力：能够采用 Python 程序解决具有数据读写、清洗和处理的简单应用问题。

（4）数据表达能力：能够采用 Python 语言对各类型数据进行正确的程序表达。

"Python 三级"与青少年学业存在如下适用性要求。

（1）已具备能力要求：具备"Python 二级"所描述的适用性要求。

（2）数学能力要求：掌握集合、数列等基本数学概念。

（3）信息能力要求：掌握位、字节、Unicode 编码等基本信息概念。

7.2 核心知识点说明

"Python 三级"包含 12 个核心知识点，如表 A-7 所示，知识点排序不分先后。其中，名称中标注"（基本）"的知识点表明该知识点相比专业说法仅做基础性要求。

表　A-7

编号	知识点名称	知识点说明	能 力 要 求
1	序列与元组	序列类型、元组类型及其使用	掌握并熟练编写带有元组的程序，具备解决有序数据组的处理问题的能力
2	集合类型	集合类型及其使用	掌握并熟练编写带有集合的程序，具备解决无序数据组的处理问题的能力
3	字典类型	字典类型的定义及基本使用	掌握并熟练编写带有字典类型的程序，具备处理键值对数据的能力

附录

续表

编号	知识点名称	知识点说明	能 力 要 求
4	数据维度	数据的维度及数据基本理解	理解并辨别数据维度，具备分析实际问题中数据维度的能力
5	一维数据处理	一维数据表示、读写、存储方法	掌握并熟练编写使用一维数据的程序，具备解决一维数据处理问题的能力
6	二维数据处理	二维数据表示、读写、存储方法及 CSV 格式的读写	掌握并熟练编写使用二维数据的程序，具备解决二维数据处理问题的能力
7	高维数据处理	高维数据表示、读写方法	基本掌握编写使用 JSON 格式数据的程序，具备解决数据交换问题的能力
8	文本处理	文本查找、匹配等基本方法	基本掌握编写文本处理的程序，具备解决基本文本查找和匹配问题的能力
9	数据爬取	页面级数据爬取方法	基本掌握网络爬虫程序的基本编写方法，具备解决基本数据获取问题的能力
10	（基本）向量数据	向量数据理解及多维向量数据表达	掌握向量数据的基本表达及处理方法，具备解决向量数据计算问题的基本能力
11	（基本）图像数据	图像数据的理解及基本图像数据的处理方法	掌握图像数据的基本处理方法，具备解决图像数据问题的能力
12	（基本）HTML数据	HTML 数据格式理解及 HTML 数据的基本处理方法	掌握 HTML 数据的基本处理方法，具备解决网页数据问题的能力

7.3 核心知识点能力要求

"Python 三级"12 个核心知识点对应的能力要求如表 A-7 所示。

7.4 标准符合性规定

"Python 三级"的符合性评测需要包含对"Python 三级"各知识点的评测，知识点宏观覆盖度要达到 100%。

根据标准符合性评测的具体情况，给出基本符合、符合、深度符合三种认定结论。基本符合是指每个知识点提供不少于 5 个具体知识内容；符合是指每个知识点提供不少于 8 个具体知识内容；深度符合是指每个知识点提供不少于 12 个具体知识内容。具体知识内容要与知识点实质相关。

用于交换和共享的青少年编程能力等级测试及试题应符合《信息技术 学习、教育和培训 测试试题信息模型》（GB/T 29802—2013）的规定。

附录

7.5 能力测试要求

与"Python 三级"相关的能力测试在标准符合性规定的基础上应明确考试形式和考试环境，考试要求如表 A-8 所示。

表 A-8

内 容	描 述
考试形式	理论考试与编程相结合
考试环境	支持 Python 程序运行环境，支持文件读写，不限于单机版或 Web 网络版
考试内容	满足标准符合性规定（7.4 节）

8 "Python 四级"的详细说明

8.1 目标能力及适用性要求

"Python 四级"以基本算法思维为能力目标，具体包括如下四个方面。

（1）算法阅读能力：能够阅读带有算法的 Python 程序，了解程序运行过程，预测运行结果。

（2）算法描述能力：能够采用 Python 语言描述算法。

（3）算法应用能力：能够根据掌握的算法采用 Python 程序解决简单的计算问题。

（4）算法评估能力：评估算法在计算时间和存储空间的效果。

"Python 四级"与青少年学业存在如下适用性要求。

（1）已具备能力要求：具备"Python 三级"所描述的适用性要求。

（2）数学能力要求：掌握简单统计、二元方程等基本数学概念。

（3）信息能力要求：掌握基本的进制、文件路径、操作系统使用等信息概念。

8.2 核心知识点说明

"Python 四级"包含 12 个核心知识点，如表 A-9 所示，知识点排序不分先后。其中，名称中标注"（基本）"的知识点表明该知识点相比专业说法仅做基础性要求。

"Python 四级"与"Python 一级"至"Python 三级"之间存在整体的递进关系，但其中 1 ~ 5 知识点不要求"Python 三级"基础，可以在"Python 一级"之后与"Python 二级"或"Python 三级"并行学习。

表 A-9

编号	知识点名称	知识点说明	能力要求
1	堆栈队列	堆栈队列等结构的基本使用	了解数据结构的概念，具备利用简单数据结构分析问题的基本能力
2	排序算法	不少于3种排序算法	掌握排序算法的实现方法，辨别算法计算和存储效果，具备应用排序算法解决问题的能力
3	查找算法	不少于3种查找算法	掌握查找算法的实现方法，辨别算法计算和存储效果，具备应用查找算法解决问题的能力
4	匹配算法	不少于3种匹配算法，至少含1种多字符串匹配算法	掌握匹配算法的实现方法，辨别算法计算和存储效果，具备应用匹配算法解决问题的能力
5	蒙特卡洛算法	蒙特卡洛算法及应用	理解蒙特卡洛算法的概念，具备利用基本蒙特卡洛算法分析和解决问题的能力
6	（基本）分形算法	基于分形几何，不少于3种算法	了解分形几何的概念，掌握分形几何的程序实现，具备利用分形算法分析问题的能力
7	（基本）聚类算法	不少于3种聚类算法	理解并掌握聚类算法的实现，具备利用聚类算法分析和解决简单应用问题的能力
8	（基本）预测算法	不少于3种以线性回归为基础的预测算法	理解并掌握预测算法的实现，具备利用基本预测算法分析和解决简单应用问题的能力
9	（基本）调度算法	不少于3种调度算法	理解并掌握调度算法的实现，具备利用基本调度算法分析和解决简单应用问题的能力
10	（基本）分类算法	不少于3种简单的分类算法	理解并掌握简单分类算法的实现，具备利用基本分类算法分析和解决简单应用问题的能力
11	（基本）路径算法	不少于3种路径规划算法	理解并掌握路径规划算法的实现，具备利用基本路径算法分析和解决简单应用问题的能力
12	算法分析	计算复杂性，以时间、空间为特点的基本算法分析	掌握计算复杂性的方法，具备算法复杂性分析的能力

8.3 核心知识点能力要求

"Python 四级"12 个核心知识点对应的能力要求如表 A-9 所示。

8.4 标准符合性规定

"Python 四级"的符合性评测需要包含对"Python 四级"各知识点的评测，知识点宏观覆盖度要达到 100%。根据标准符合性评测的具体情况，给出基本符合、符合、深度符合三种认定结论。基本符合是指每个知识点提供不少于 5 个具体知识内容；符合是指每个知识点提供不少于 8 个具体知识内容；深度符合是指每个知识点提供不少于 12 个具体知识内容。具体知识内容要与知识点实质相关。

用于交换和共享的青少年编程能力等级测试及试题应符合《信息技术　学习、教育和培训　测试试题信息模型》（GB/T 29802—2013）的规定。

8.5　能力测试要求

与"Python 四级"相关的能力测试在标准符合性规定的基础上应明确考试形式和考试环境，考试要求如表 A-10 所示。

表　A-10

内　容	描　述
考试形式	理论考试与编程相结合
考试环境	支持 Python 程序运行的环境，支持文件读写，不限于单机版或 Web 网络版；能够统计程序编写时间、提交次数、运行时间及内存占用
考试内容	满足标准符合性规定（8.4 节）

资料性附录：标准范围的 Python 标准函数列表

标准范围的 Python 标准函数列表如表 A-11 所示。

表　A-11

函　数	描　述	级　别
input([x])	从控制台获得用户输入，并返回一个字符串	Python 一级
print(x)	将 x 字符串在控制台打印输出	Python 一级
pow(x,y)	x 的 y 次幂，与 x**y 相同	Python 一级
round(x[,n])	对 x 四舍五入，保留 n 位小数	Python 一级
$max(x_1,x_2,\cdots,x_n)$	返回 x_1，x_2，…，x_n 的最大值，n 没有限定	Python 一级
$min(x_1,x_2,\cdots,x_n)$	返回 x_1，x_2，…，x_n 的最小值，n 没有限定	Python 一级
$sum(x_1,x_2,\cdots,x_n)$	返回参数 x_1，x_2，…，x_n 的算术和	Python 一级
len()	返回对象（字符、列表、元组等）长度或项目个数	Python 一级
range(x)	返回的是一个可迭代对象（类型是对象）	Python 一级
eval(x)	执行一个字符串表达式 x，并返回表达式的值	Python 一级
int(x)	将 x 转换为整数，x 可以是浮点数或字符串	Python 一级
float(x)	将 x 转换为浮点数，x 可以是整数或字符串	Python 一级

续表

函　数	描　述	级　别
str(x)	将 x 转换为字符串	Python 一级
list(x)	将 x 转换为列表	Python 一级
open(x)	打开一个文件，并返回文件对象	Python 二级
abs(x)	返回 x 的绝对值	Python 二级
type(x)	返回参数 x 的数据类型	Python 二级
ord(x)	返回字符对应的 Unicode 值	Python 二级
chr(x)	返回 Unicode 值对应的字符	Python 二级
sorted(x)	排序操作	Python 二级（查询）
tuple(x)	将 x 转换为元组	Python 二级（查询）
set(x)	将 x 转换为集合	Python 二级（查询）

附录B
真题演练及参考答案

1．扫描二维码下载文件：真题演练

2．扫描二维码下载文件：参考答案

附
录